基礎からわかる
論理回路

第2版

松下俊介 著

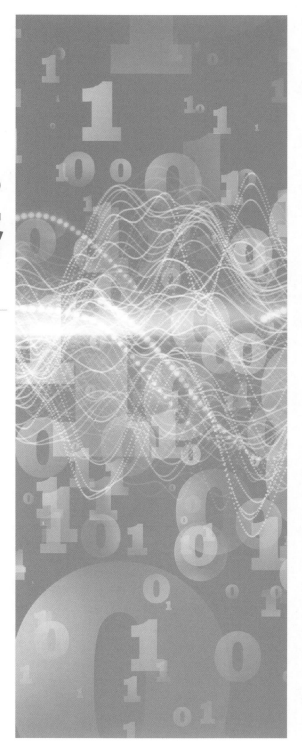

森北出版株式会社

第2版のまえがき

　論理回路は電気，制御，情報，通信などあらゆる分野で利用され，その重要性がますます増している．本書は，論理回路の基礎に的を絞って内容を平易に記述し，理解が深められるように構成しており，発行以来多くの方々のご支持を得ています．改めて，貴重なご意見，ご提案をいただいた方々に感謝申し上げます．

　今回の改訂にあたっては，旧版の単色から2色刷りに変更し，図表やタイムチャートをより直感的に読み取りやすく，わかりやすくするように努めた．さらに，新たに2進数と基数変換を加え，またブール代数を整理して論理演算，完全系，および補数による加減算にオーバーフロー検出などを加えた．その他，部分的な加筆，訂正を行い，いっそうの理解が深められるように心がけた．

　本書を論理回路基礎の入門書として，また再勉強のために広く役立ててもらえれば幸いです．

　終わりに，今回の改訂にあたって，本書の解りにくい箇所や，誤りを的確にご指摘いただくなど，編集に際して多大なご協力，ご助言をいただいた森北出版の二宮惇氏，上村紗帆氏に感謝いたします．

2021年6月

松下俊介

まえがき

　光の点滅信号やバーコード，キャッシュカード，コンパクトディスクからの読み出し信号などは信号の「あり・なし」を情報としている．このような信号の「あり・なし」を取り扱う電子回路をディジタル回路といい，ディジタル回路は身近なゲーム機器から高度な産業機器に及ぶ広大な範囲に利用され，ますますその重要性が増している．ディジタル回路に論理機能や記憶作用をもたせた論理回路はディジタル信号を演算したり記憶したりする重要な部分を担っている．かかる状況においてディジタル回路，とりわけ論理回路を習得することは分野を越えて，重要であり必要とされている．

　本書は論理回路の基礎に的を絞り内容を平易に記述し，例題を手順に従って解くことにより，論理回路の理解が深められるように構成した．各章末の演習問題は本文の例題を理解すれば容易に解ける範囲とした．途中からわからなくなったり，難しいと思ったら一つ手前の例題から見直してほしい．本書を論理回路を初めて勉強する人の自習用として，また基礎的なことの再勉強に役立ててもらえれば幸いである．

　論理回路は多数決演算のように現在の入力により出力が決まる「組合せ論理回路」と，計数器のように現在記憶している状態と次の入力とによって出力が決まる「順序論理回路」に分けられる．本書は第1章～第8章で「組合せ論理回路」，第9章～第11章で「順序論理回路」について記述している．

　第1章～第4章で基本論理演算と論理式を理解し，第5章，第6章で論理式を論理記号で記述する方法を学び，第7章でこれまでに学んだ応用として選択スイッチ，符号器，復号器，加算器，減算器など各種組合せ論理回路の構成方法を学ぶ．また，複雑な論理式を簡単に論理回路化するためのPLAによる方法を第8章で述べている．

　第9章で1または0を安定状態とする二安定回路のラッチやフリップフロップの動作を理解し，第10章でこれらを用いて入力の数を計数するカウンタ（計数器），第11章でデータを一時的に記憶するためのレジスタ（register）や，記憶したデータを順次転送するシフトレジスタ，さらにシフトレジスタを円環状に接続したリングカウンタの構成方法について学ぶ．

　本書をまとめるにあたり多くの方々の書籍，文献を参照させて頂いた．著者，出版社の方々に謝意を表します．また多くの有益なご助言を頂いた久津輪敏郎先生（大阪工業大学電子情報通信工学科教授），世古忠先生（奈良工業高等専門学校情報工学科教授），河合秀夫先生（大阪電気通信大学教授），鈴木文雄先生（元摂南大学非常勤講師）

に心からお礼申し上げます.

　終わりに,出版にあたって,多大な助言,お世話を頂いた森北出版の森北博巳氏,石田昇司氏および関係の方々に感謝致します.

2004 年 2 月

松 下 俊 介

目　次

1 アナログ信号とディジタル信号 ━━━━━━━━━━━━━━━ *1*
　1.1　アナログとディジタル　　　　　　　　　　　　　　　　*1*
　1.2　2値論理関数と2値論理回路　　　　　　　　　　　　　*3*
　1.3　2進数と基数変換　　　　　　　　　　　　　　　　　　*3*
　　1.3.1　10進数, 2進数, 8進数, 16進数　*3*　／　1.3.2　10進数を *r* 進数に変換（基数変換）　*6*　／　1.3.3　2進数から8進数, 16進数への変換　*7*　／　1.3.4　ビットとバイト　*8*
　演習問題　　　　　　　　　　　　　　　　　　　　　　　　*9*

2 スイッチ回路と論理演算 ━━━━━━━━━━━━━━━━━━ *10*
　2.1　スイッチ回路　　　　　　　　　　　　　　　　　　　　*10*
　2.2　真理値表　　　　　　　　　　　　　　　　　　　　　　*12*
　2.3　基本論理演算と論理式　　　　　　　　　　　　　　　　*15*
　演習問題　　　　　　　　　　　　　　　　　　　　　　　　*18*

3 ブール代数と論理式 ━━━━━━━━━━━━━━━━━━━━ *20*
　3.1　ベン図　　　　　　　　　　　　　　　　　　　　　　　*20*
　3.2　ブール代数　　　　　　　　　　　　　　　　　　　　　*22*
　　3.2.1　公理　*23*　／　3.2.2　定理　*23*　／　3.2.3　定理の証明例　*24*
　3.3　真理値表から論理式を求める　　　　　　　　　　　　　*25*
　　3.3.1　主加法標準形　*25*　／　3.3.2　主乗法標準形　*27*
　3.4　論理式から真理値表を求める　　　　　　　　　　　　　*29*
　　3.4.1　論理積とそれらの論理和で表された論理式の真理値表を求める　*29*　／
　　3.4.2　論理和とそれらの論理積で表された論理式の真理値表を求める　*30*
　3.5　真理値表による論理式の証明　　　　　　　　　　　　　*31*
　3.6　完全系　　　　　　　　　　　　　　　　　　　　　　　*32*
　演習問題　　　　　　　　　　　　　　　　　　　　　　　　*32*

4 論理式の簡単化 ━━━━━━━━━━━━━━━━━━━━━━ *34*
　4.1　論理演算による論理式の簡単化　　　　　　　　　　　　*34*

4.2　ベン図による論理式の簡単化　　　　　　　　　　　　　34

4.3　カルノー図による論理式の簡単化　　　　　　　　　　　35

4.3.1　真理値表の出力が 1 になる入力に着目したカルノー図の求め方　36　／

4.3.2　真理値表の出力が 0 になる入力に着目したカルノー図の求め方　38　／

4.3.3　論理式をカルノー図で簡単化する　40　／　4.3.4　グループ化の例　42

演習問題　　　　　　　　　　　　　　　　　　　　　　　　43

5　論理記号 ━━━━━━━━━━━━━━━━━━━━━━━━━━ **44**

5.1　論理機能記号と論理ゲート　　　　　　　　　　　　　　44

5.1.1　論理機能記号　44　／　5.1.2　論理記号と論理ゲート　45　／　5.1.3　論

理ゲート回路の結線と論理ゲートの入出力特性　47　／　5.1.4　ダイオードによる

簡単な AND ゲート，OR ゲート　49

5.2　論理式を論理記号で表す　　　　　　　　　　　　　　　51

5.3　論理記号から真理値表，論理式を求める　　　　　　　　53

5.3.1　論理記号から真理値表を求める　53　／　5.3.2　論理記号から論理式を求

める　56

演習問題　　　　　　　　　　　　　　　　　　　　　　　　57

6　論理記号変換 ━━━━━━━━━━━━━━━━━━━━━━━ **60**

6.1　AND ⇄ OR 論理機能変換と論理記号　　　　　　　　　60

6.2　NAND ゲート，NOR ゲートによる NOT 回路　　　　　62

6.3　NAND ゲート，NOR ゲートによる AND 回路，OR 回路　63

6.4　論理の整合　　　　　　　　　　　　　　　　　　　　　65

演習問題　　　　　　　　　　　　　　　　　　　　　　　　66

7　組合せ論理回路 ━━━━━━━━━━━━━━━━━━━━━ **68**

7.1　マルチプレクサ　　　　　　　　　　　　　　　　　　　68

7.2　デマルチプレクサ　　　　　　　　　　　　　　　　　　70

7.3　エンコーダとデコーダ　　　　　　　　　　　　　　　　72

7.4　加算器　　　　　　　　　　　　　　　　　　　　　　　74

7.5　補数による加減算　　　　　　　　　　　　　　　　　　78

演習問題　　　　　　　　　　　　　　　　　　　　　　　　85

8　PLA ━━━━━━━━━━━━━━━━━━━━━━━━━━━ **87**

8.1　PLA の概要　　　　　　　　　　　　　　　　　　　　　87

8.2   各ゲートの PLA 表示 87
演習問題 91

9 記憶回路 92
9.1   二安定回路 92
9.2   ラッチ 93
　9.2.1 SR ラッチ 96 ／ 9.2.2 D ラッチ 103
9.3   フリップフロップ 106
　9.3.1 JK-FF 110 ／ 9.3.2 D-FF 118 ／ 9.3.3 T-FF(toggle-FF, trigger-FF) 121
演習問題 122

10 カウンタ 126
10.1 カウンタ 126
10.2 非同期式カウンタ 129
10.3 同期式カウンタ 135
　10.3.1 同期式カウンタを励起表から構成する 135 ／ 10.3.2 同期式カウンタを特性方程式から構成する 138
10.4 ダウンカウンタ 140
10.5 アップダウンカウンタ 143
演習問題 145

11 レジスタとシフトレジスタ 147
11.1 レジスタ 147
11.2 シフトレジスタ 148
11.3 リングカウンタ 151
演習問題 154

演習問題解答 155
参考文献 178
索　引 179

1 アナログ信号とディジタル信号

　アナログ録音とかディジタル録音，ディジタルテレビなど，またコンピュータの演算部分はディジタルだが音の出る部分はアナログだなど，いろいろな場面でアナログやディジタルという言葉や文字が飛び交っている．そこで，この章ではアナログとは，ディジタルとは，またその特徴はどのようなことかについて学ぶ．

1.1　アナログとディジタル

　図1.1（a）は液体の熱膨張を利用した温度計である．温度計によって温度の変化を連続的に目で知ることができる．このような連続的な変化をアナログ（analog）という．図（b）は子供の手の写真である．手足の「指」やアラビア数字の「0〜9」のことをディジット（digit）といい，ある量を一つ一つ数えられる数値で表すことをディジタル（digital）という．

　我々の身の回りには，温度の変化や水の流れのようにその状態が連続的に，アナログ的に変化するものと，スイッチのON，OFFや稲妻のようにその状態が不連続に，ディジタル的に変化するものとがある．これらの変化を信号ととらえると，連続的に変化する信号をアナログ信号（analog signal）といい，不連続，離散的に変化する信号をディジタル信号（digital signal）という．図1.2（a）は X に対して Y が連続的

（a）温度計（アナログの例）　　　　（b）指（ディジタルの例）

図1.1　アナログとディジタル

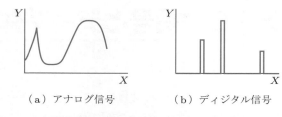

（a）アナログ信号　　　　（b）ディジタル信号

図1.2 アナログ信号とディジタル信号

に変化するアナログ信号であり，図（b）は X に対して Y が単発的に，とびとびに，不連続に，離散的に変化するディジタル信号である．

図1.3にオシロスコープで観測した信号波形を示す．横軸は時間，縦軸は振幅の大きさである．図（a）は振幅が時間に対して連続的に変化しているアナログ信号波形であり，図（b）は振幅の変化が時間に対して単発的に変化しているディジタル信号波形である．

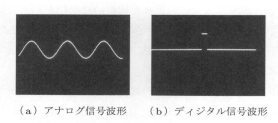

（a）アナログ信号波形　　　（b）ディジタル信号波形

図1.3 いろいろな信号波形

アナログ信号を扱う電子回路をアナログ回路（analog circuit）といい，ディジタル信号を扱う電子回路をディジタル回路（digital circuit）という．

アナログ回路では信号のすべてが情報であり，信号の忠実な増幅，伝送が求められる．しかし，回路内で発生するひずみや外部からの雑音（ノイズ）の混入による信号の劣化は避けられない．

これに対して，信号の「あり，なし」を扱うディジタル回路では信号にひずみやノイズが重畳しても波形整形回路や誤り訂正符号などにより信号をもとに復元することができ，信号の劣化を防ぐことができる．さらに，ディジタル回路に論理機能や記憶作用をもたせることにより，新たな意味をもつ信号を作り出すことができる．信号の伝送において信号に劣化が生じないということは，情報の伝達，処理にとって優れた特性である．一方，この優れた特性のために，音楽用 CD（compact disk）など，ディジタル信号で記録された情報を複製すると，まったく同じ内容の CD がいくらでも作製できることから著作権や商業上の問題が生じることになる．

1.2　2値論理関数と2値論理回路

　信号の「あり，なし」，値が「高い（high：H），低い（low：L）」，状態が「1，0」など，相異なる二つの状態（2値）をとる変数を2値変数（binary variable）といい，これに何らかの演算を施して得られる出力も2値である関数を2値論理関数（binary logical function），または単に論理関数（logical function）という．

　2値論理関数に従うディジタル回路を2値論理回路（binary logic circuit），または単に論理回路（logic circuit）という．論理回路には，スイッチによる多数決演算のように現在の入力の条件のみによって出力が決定される「組合せ論理回路（combinational logic circuit）」と，計数器のように現在記憶している状態と次の入力とにより出力が決まる「順序論理回路（sequential logic circuit）」とがあり，これらを駆使していろいろな論理回路が構成される．論理回路は身近な家電製品から高度な産業用機器などにいたる広範な電子機器の入出力制御，記憶，演算処理分野において重要な役割を担っている．このような組合せ論理回路や順序論理回路の基本をこれから順を追って学んでいく．以後，本書で取り扱う関数はとくに断りのないかぎり2値論理関数であり，回路は2値論理関数に従うディジタル回路である．

1.3　2進数と基数変換

　コンピュータ内では，各種多様な機能をもった論理回路が0と1の2種類の数字で表される2進数で動作している．これらの処理内容はすべて2進数表記で表されているので，人がその内容を知るには桁数が多くて読み取りにくい．そのために2進数より桁数が少なくてすむ8進数，16進数が使用されている．この節では，10進数をもとにして2進数，8進数，16進数について学び，さらに各進数を10進数に変換する方法や10進数を各進数に変換する方法について学ぶ．

▌1.3.1▶ 10進数，2進数，8進数，16進数
(1) 10進数
　すべての数を0〜9の10種類の数字で表し，0から1ずつ加算すると9の次に桁上げが生じて10になる．10倍ごとに桁上げする数の記述法を，10進位取り記数法または10進法といい，10進法による数を10進数（decimal number）という．この10を10進数の基数または底という．各桁の10のべき乗をその桁の重みという．数が10進数であることを示すために，数を（　）のなかに記し，（　）$_{10}$ のように表す．

$(785.348)_{10}$ を各桁の数値と基数のべき乗（重み）で表すと，次式となる．

$$(785.348)_{10} = 7 \times 10^2 + 8 \times 10^1 + 5 \times 10^0 + 3 \times 10^{-1} + 4 \times 10^{-2} + 8 \times 10^{-3}$$

この式から，r 進数 n 桁の整数部 $(N)_r$ の数の並びを $(a_n, a_{n-1}, \cdots, a_2, a_1)$，$r$ 進数 m 桁の小数部 $(N)_r^{\mathrm{d}}$ の数の並びを $(a_{-1}, a_{-2}, \cdots, a_{-(m-1)}, a_{-m})$ として，各桁の数値と基数のべき乗（重み）との関係を一般化すると次式のようになる．ただし，a_i は $0 \leq a_i < r$，$(N)_r^{\mathrm{d}}$ は $0 < (N)_r^{\mathrm{d}} < 1$ である．

整数部　$(N)_r = a_n r^{n-1} + a_{n-1} r^{n-2} + \cdots + a_2 r^1 + a_1 r^0$ 　　　　(1.1)

小数部　$(N)_r^{\mathrm{d}} = a_{-1} r^{-1} + a_{-2} r^{-2} + \cdots + a_{-(m-1)} r^{-(m-1)} + a_{-m} r^{-m}$ 　　(1.2)

式 (1.1)，(1.2) は，10 進数で表された数を別の r 進数に変換する際に，また r 進数で表された数を 10 進数に変換する際に用いられる．これを基数変換という．

(2) 2 進数

すべての数を 0 と 1 の 2 種類の数字で表し，0 から 1 ずつ加算して数が 2 になると桁上げが生じて（１０）になる記述法を 2 進法といい，2 進法による数を 2 進数（binary number）という．2 進数の基数は 2 である．2 進数の重みは 2 のべき乗で表される．数が 2 進数であることを示すために，数を（　　）のなかに記し，（　　）$_2$ のように表す．

例題
1.1

解

$(1001.01)_2$ を 10 進数に変換せよ．

① 2 進数の整数部を，桁数 $n = 4$，基数 $r = 2$ として式 (1.1) から 10 進の整数部を求める．

整数部：$(1001)_2 = 1 \times 2^3 + 0 \times 2^2 + 0 \times 2^1 + 1 \times 2^0 = 8 + 1 = (9)_{10}$

② 2 進数の小数部を，桁数 $m = 2$，基数 $r = 2$ として式 (1.2) から 10 進数の小数部を求める．

小数部：$(0.01)_2 = 0 \times 2^{-1} + 1 \times 2^{-2} = (0.25)_{10}$

③ $(1001.01)_2 = (9)_{10} + (0.25)_{10} = (9.25)_{10}$．

(3) 8 進数

すべての数を 0～7 の 8 種類の数字で表し，0 から 1 ずつ増して 8 になると桁上げが生じて（１０）になる記述法を 8 進法といい，8 進法による数を 8 進数（octal number）という．8 進数の基数は 8 であり，桁の重みは 8 のべき乗である．数が 8 進数であることを示すために，数を（　　）のなかに記し，（　　）$_8$ のように表す．

例題 1.2	$(1734)_8$ を 10 進数に変換せよ.

解	桁数 $n = 4$,基数 $r = 8$ として式 (1.1) から求める.

$$(1734)_8 = 1 \times 8^3 + 7 \times 8^2 + 3 \times 8^1 + 4 \times 8^0 = 512 + 448 + 24 + 4$$
$$= (988)_{10}$$

(4) 16 進数

すべての数を 0 ～ 9 の 10 種類の数字とアルファベット A,B,C,D,E,F の 6 種類の文字で表し,それぞれ A = 10,B = 11,C = 12,D = 13,E = 14,F = 15 を表す.0 から 1 ずつ増して 16 になると桁上げが生じて(１０)になる記述法を 16 進法といい,16 進法による数を 16 進数(hexadecimal number)という.16 進数の基数は 16 であり,桁の重みは 16 のべき乗である.数が 16 進数であることを示すために,数を(　　)のなかに記し,(　　)$_{16}$ のように表す.

例題 1.3	$(3DC)_{16}$ を 10 進数に変換せよ.

解	桁数 $n = 3$,基数 $r = 16$ として式 (1.1) から求める.

$$(3DC)_{16} = 3 \times 16^2 + D \times 16^1 + C \times 16^0$$
$$= 3 \times 16^2 + 13 \times 16^1 + 12 \times 16^0 = 768 + 208 + 12 = (988)_{10}$$

10 進数と 2 進数,8 進数,16 進数との対応を表 1.1 に示す.表のグレーの部分は桁上げする数を表している.8 進数の青い部分は 8 進数の一桁で 2 進数の 3 桁を表せる

表 1.1　10 進数と 2 進数,8 進数,16 進数との対応表

10 進数	2 進数	8 進数	16 進数	10 進数	2 進数	8 進数	16 進数
0	0	0	0	10	1010	12	A
1	1	1	1	11	1011	13	B
2	10	2	2	12	1100	14	C
3	11	3	3	13	1101	15	D
4	100	4	4	14	1110	16	E
5	101	5	5	15	1111	17	F
6	110	6	6	16	10000	20	10
7	111	7	7	17	10001	21	11
8	1000	10	8	18	10010	22	12
9	1001	11	9	19	10011	23	13

ことを，また 16 進数の青い部分は 16 進数の一桁で 2 進数の 4 桁を表せることを示している．2 進数表示の処理内容を 8 進数や 16 進数で表示すると桁数が少なくなり，その分人が読み取りやすくなる．

表 1.2 に 2 のべき乗の値とその覚え方の例を示す．2 進数を取り扱う際に，2 のべき乗の値を覚えておくと非常に便利である．表 1.2 を見ながら上から順に語調で覚えると，簡単に覚えられる．

表 1.2 　　 2 のべき乗の値と簡単な覚え方の例

2 のべき乗	値	覚え方	2 のべき乗	値	覚え方
2^0	1	いち	2^6	64	ろくよん
2^1	2	に	2^7	128	いちにっぱ
2^2	4	よん	2^8	256	にごんろく
2^3	8	ぱ	2^9	512	ごいちに
2^4	16	いちろく	2^{10}	1024	せんにじゅうよん
2^5	32	ざんに			

1.3.2 ▶ 10 進数を r 進数に変換（基数変換）

10 進数の整数部の数 N を r 進数に変換するには，式 (1.1) を基数 r で割ると次式となり，商が q_1，余り a_1 が得られる．この a_1 は r 進数の最下位桁の値である．

$$\text{整数部}\quad 商\ q_1 = \frac{(N)_{10}}{r} = a_n r^{n-2} + a_{n-1} r^{n-3} + \cdots + a_3 r^1 + a_2 r^0 \quad 余り\ a_1$$

次に，この商 q_1 を基数 r で割ると余り a_2 が求められる．同様にして商を基数 r で割っていくと，順次 a_3, a_4, $\cdots$, a_n が求められる．このように，10 進数の整数 N を r 進数に変換するには，整数 N を基数 r で割って余りを求めることを繰り返すことにより順次各桁の数を求めることができる．

10 進数の小数部の数を r 進数に変換するには，式 (1.2) に基数 r をかけると次式となり，少数点以下 1 桁目の数 a_{-1} が得られる．

$$\text{小数部}\quad r \times (N)_{10}^{\text{d}} = a_{-1} + a_{-2} r^{-1} + \cdots + a_{-(m-1)} r^{-(m-2)} + a_{-m} r^{-(m-1)}$$

次に，a_{-1} を取り除いた残りの式に再度基数 r をかけると，小数点以下 2 桁目の数 a_{-2} が得られる．このように，小数部に基数 r をかけていくと，順次 a_{-3}, a_{-4}, $\cdots$, a_{-m} が求められる．

上式の基数変換を基にして 10 進数を r 進数に変換する方法を，図 1.4 に示す．整数

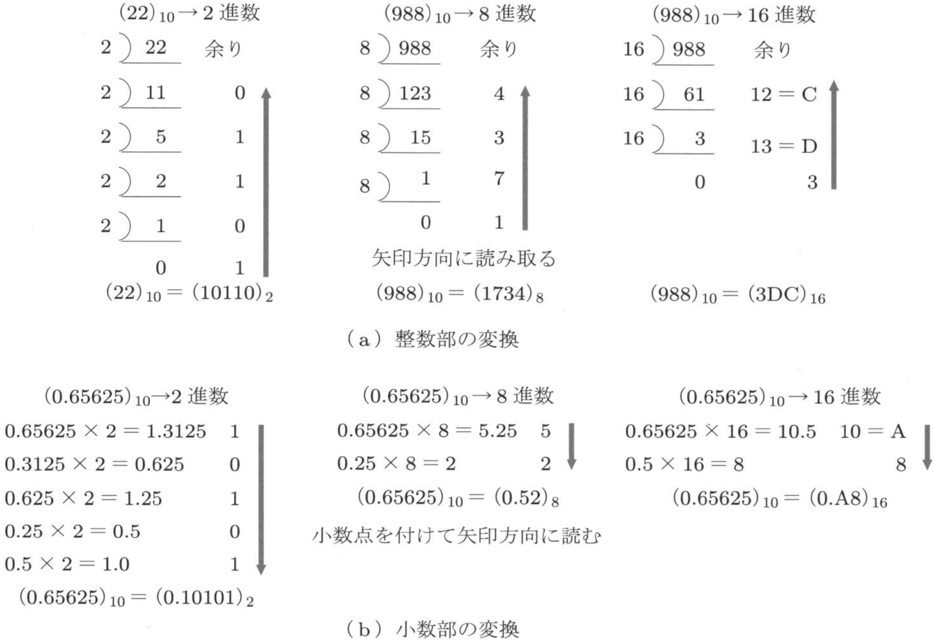

$(22)_{10} \rightarrow 2$進数

$$
\begin{array}{r|r c}
2 & 22 & \text{余り} \\
2 & 11 & 0 \\
2 & 5 & 1 \\
2 & 2 & 1 \\
2 & 1 & 0 \\
& 0 & 1
\end{array}
$$

$(22)_{10} = (10110)_2$

$(988)_{10} \rightarrow 8$進数

$$
\begin{array}{r|r c}
8 & 988 & \text{余り} \\
8 & 123 & 4 \\
8 & 15 & 3 \\
8 & 1 & 7 \\
& 0 & 1
\end{array}
$$

矢印方向に読み取る

$(988)_{10} = (1734)_8$

$(988)_{10} \rightarrow 16$進数

$$
\begin{array}{r|r c}
16 & 988 & \text{余り} \\
16 & 61 & 12 = C \\
16 & 3 & 13 = D \\
& 0 & 3
\end{array}
$$

$(988)_{10} = (3DC)_{16}$

（a）整数部の変換

$(0.65625)_{10} \rightarrow 2$進数

$0.65625 \times 2 = 1.3125 \quad 1$
$0.3125 \times 2 = 0.625 \quad 0$
$0.625 \times 2 = 1.25 \quad 1$
$0.25 \times 2 = 0.5 \quad 0$
$0.5 \times 2 = 1.0 \quad 1$

$(0.65625)_{10} = (0.10101)_2$

$(0.65625)_{10} \rightarrow 8$進数

$0.65625 \times 8 = 5.25 \quad 5$
$0.25 \times 8 = 2 \quad 2$

$(0.65625)_{10} = (0.52)_8$

小数点を付けて矢印方向に読む

$(0.65625)_{10} \rightarrow 16$進数

$0.65625 \times 16 = 10.5 \quad 10 = A$
$0.5 \times 16 = 8 \quad 8$

$(0.65625)_{10} = (0.A8)_{16}$

（b）小数部の変換

図1.4　10進数の基数変換

部の変換を図（a）に示す．整数を基数 r で割ってその商を下段に，余りを右欄外に記入する．基数 r で割り切れれば 0 を記入する．次に，その商を基数 r で割って余りを求める．商が 0 になるまでこれを繰り返す．余りを矢印の方向に読み取ることにより，10進数を r 進数に変換した値が得られる．

　小数部の変換を図1.4（b）に示す．小数部に基数 r をかける．整数部への桁上げがあれば欄外にその整数を，なければ 0 を記入する．さらに，残りの小数部に基数 r をかけ，小数値が 0 になるかまたは必要な小数点以下の桁数になるまで，同様の手順を繰り返す．欄外に記入した数値を上から順に小数値として読み取ることにより，10進数を r 進数に変換した値が得られる．

1.3.3 2進数から8進数，16進数への変換

　図1.5（a）に2進数から8進数への変換方法を示す．2進数の3桁は8進数の1桁で表せるから，2進数から8進数への変換は2進数の最下位桁から順に3桁ずつに区切り，区切った領域の2進数を10進数に変換して図のように順に並べると8進数が得られる．8進数から2進数への変換はこの手順を逆にたどり，8進数の1桁を2進数3桁に置き換えることにより求めることができる．

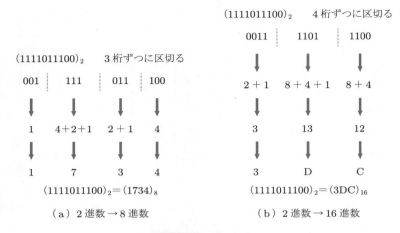

図 1.5　　基数変換

図 1.5（b）に 2 進数から 16 進数への変換方法を示す．2 進数の 4 桁は 16 進数の 1 桁で表せるから，2 進数から 16 進数への変換は 2 進数の最下位桁から順に 4 桁ずつに区切り，区切った領域の 2 進数を 10 進数に変換して図のように順に並べると 16 進数が得られる．16 進数から 2 進数への変換はこの手順を逆にたどり，16 進数の各桁を 2 進数 4 桁に置き換えることにより求めることができる．

1.3.4 ▶ ビットとバイト

等確率に生じる二つの事象の一方を選択したときに得られる情報の量を，情報量の基本単位として 1 ビット（bit：binary digit の造語）と定義する．1 ビットは，またディジタル演算における 2 進数の 1 桁を表している．$(11111111)_2$ は 8 ビット（8 桁）の 2 進数で，10 進数の 0 〜 255 まで表現可能である．ビット列の最上位桁を MSB（most significant bit）といい，最下位桁を LSB（least significant bit）という．

情報量の単位として通常 8 ビットを 1 バイト（byte: B）とし，これをビット列の最小単位としている．しかし，8 ビット以外の場合もあるので，情報通信分野では 8 ビット＝ 1 オクテット（octet）と定めている．

なお，2 進数の加減算については，7.4，7.5 節で学ぶ．

参考

8 bit（ビット）＝ 1 B（バイト）

$10^3 = 1000$ をベースにする（k は小文字，SI 単位系）：記憶媒体の容量などに使用

10^3 B ＝ 1 kB（キロバイト）　　　　10^3 kB ＝ 1 MB（メガバイト）

10^3 MB ＝ 1 GB（ギガバイト）　　　10^3 GB ＝ 1 TB（テラバイト）

$2^{10} = 1024$ をベースにする（K は大文字）：コンピュータのファイルサイズなどに使用

1024 B ＝ 1KB（キロバイト）　　　　1024 KB ＝ 1MB（メガバイト）

1024 MB ＝ 1GB（ギガバイト）　　　1024 GB ＝ 1TB（テラバイト）

上記の k と K は同じ「キロ」で紛らわしいので，IEC（国際電気標準会議）は以下を推奨している

1024 B ＝ 1 KiB（キビバイト）　　　1024 KiB ＝ 1 MiB（メビバイト）

1024 MiB ＝ 1 GiB（ギビバイト）　　1024 GiB ＝ 1 TiB（テビバイト）

演習問題

1.1　アナログ信号とディジタル信号について例を示し，その特徴を説明せよ．

1.2　次の事象がアナログ信号であれば A，ディジタル信号であれば D を（　）に記入せよ．
手拍子（　）　交流波形（　）　気圧の変化（　）　指で数を数える（　）
音声（　）　AM 放送（　）

1.3　次の用語を説明せよ．
（1）2 値論理回路　（2）論理回路　（3）組合せ論理回路　（4）順序論理路

1.4　$(25)_{10}$ を 2 進数に変換せよ．また，$(988)_{10}$ を 16 進数に変換せよ．

1.5　$(1111101)_2$ を 10 進数，8 進数，16 進数に変換せよ．また，得られた 8 進数，16 進数を 10 進数に再変換して検算せよ．

2 スイッチ回路と論理演算

　身近にある電灯のスイッチは，それ自体で電灯に点灯，消灯の2値信号を送り出している．この章では，スイッチによる電灯の点灯，消灯回路を例にして，「スイッチ A とスイッチ B がともに ON のときのみ電灯が点灯する」とか，「スイッチ A またはスイッチ B のいずれかが ON のときに電灯が点灯する」など，これらが2値論理とどのような関係にあるのか，論理式とは何かを理解し，論理演算の基本を学ぶ．

2.1　スイッチ回路

　いろいろなスイッチの記号表示例を図2.1に示す．スイッチは，金属接触片が他方の金属接点に接触することにより閉じて通電状態になる．図（a）は，通常は接点が開いており，スイッチが動作すると閉じる接点で，a接点またはメーク接点（make contact）という．図（b）は，通常は接点が閉じており，スイッチが動作すると開く接点で，b接点またはブレーク接点（break contact）という．図（c）は，切り換えスイッチの表示である．通常は上部接点が閉じており，スイッチを切り換えると上部接点が開き，下部接点が閉じる構造である．このような動作をする接点をc接点とかコモン接点という．図（c）の右に多数の接点を切り替える選択スイッチの例を示す．

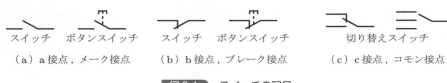

|（a）a接点，メーク接点|（b）b接点，ブレーク接点|（c）c接点，コモン接点|
|スイッチ　ボタンスイッチ|スイッチ　ボタンスイッチ|切り替えスイッチ|

図2.1　スイッチの記号

　図2.2に，電磁石が鉄片を吸引する作用を利用してスイッチを開閉するリレースイッチ（relay switch）の記号を示す．図（a）は，リレーの構造図である．リレーは鉄心にコイルを巻いた駆動部と，スイッチの付いた鉄片と復帰ばねとから構成されている．コイルに電流を流すと駆動部が電磁石となり鉄片を吸引し，スイッチが動作する．駆動電流を絶つと，スイッチは復帰ばねでもとの状態に戻る．図（b）は，リレーの駆動部分の表示である．この両端に定格電圧を加えるとリレーが動作する．図（c）は，リレー接点の表示である．リレー駆動電圧が OFF なら b 接点は閉じているので ON

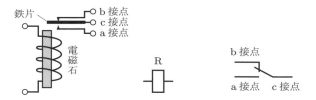

（a）リレーの構造　（b）リレー駆動部　（c）リレー接点の表示

図2.2　リレーの構造とスイッチの表示

状態であり，a接点は開いているのでOFF状態である．駆動電圧がONになるとb接点は開いてOFF状態となり，a接点は閉じるのでON状態となり，スイッチが切り替わる．

例題 2.1　電池 E，スイッチ A，B で電灯 Y が点灯，消灯するもっとも基本的な回路を図2.3に示す．なお，スイッチは押した状態からこれを放すと，もとの状態に復帰するものとする．図2.3の回路の動作を文章で表現せよ．

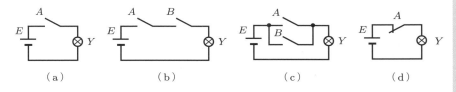

（a）　　　　　（b）　　　　　（c）　　　　　（d）

図2.3　代表的なスイッチ回路

解　①電灯が点灯，消灯するスイッチの状態を回路図から読み取り，文章で表現する．
②表2.1が得られる

表2.1　スイッチ動作の文章による表現

図	動作
（a）	スイッチ A を押すと電灯が点灯し，放すと消灯する
（b）	スイッチ A とスイッチ B をともに押したときだけ電灯が点灯する
（c）	スイッチ A またはスイッチ B のいずれか，またはともに押すと電灯が点灯する
（d）	通常電灯は点灯しているが，スイッチ A を押すと回路が絶たれて消灯する

例題 2.2　3人のそれぞれの手元にスイッチがある．電池を E，スイッチを $A \sim C$，電灯を Y として，次の動作の回路を構成せよ．回路は左側から右へ順に電池 E，スイッチ，負荷である電灯 Y を描く．
（1）電灯は3人のすべてがともにスイッチを押したときだけ点灯する．

解

(2) 電灯は 3 人のうち，誰か 1 人でもスイッチを押すと点灯する．

それぞれのスイッチの操作と電灯の状態から，回路の直列，並列を判断する．

①すべてのスイッチを同時に押さないと電灯が点灯しないから，a 接点のスイッチをすべて直列接続する．

②図 2.4（a）の回路が得られる．

③誰かがスイッチを押すと電灯が点灯するから，a 接点のスイッチをすべて並列接続する．

④図（b）の回路が得られる．

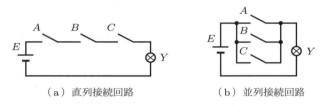

（a）直列接続回路　　　　　（b）並列接続回路

図 2.4　スイッチの直列，並列接続

2.2　真理値表

　スイッチによる電灯の点灯，消灯回路において，スイッチの数を増やせば，それだけ複雑な回路動作を行わせることができる．しかし，回路が複雑になればなるほど，その動作を回路図から知ることは困難になる．そこで，それぞれのスイッチ A, B, C, …の ON, OFF 状態を入力として，電灯の点灯，消灯を出力として，これらを表にしておけば回路動作が一目瞭然になる．

　入力のすべての組合せに対する出力値を記した表を，真理値表（truth table）という．真理値表は，表 2.2 のように入力のすべての組合せを表の左欄に，その入力に対する出力値を右欄に記入する．入出力の状態を 1 または 0 の 2 値で表すと，入力の取りうるすべての組合せは，入力が 1 変数なら（0, 1）の 2 通り，2 変数なら（0 0, 0 1, 1 0, 1 1）の 4 通り，n 変数なら 2^n 通りある．

　表 2.3 に 1 変数，2 変数，3 変数の入力の組合せを示す．入力の真理値表への記入は，入力の組合せを 2 進数とみなし，数の小さい順に上から並べると表として見やすくなる．

表2.2	真理値表
入力	出力
すべての入力状態	出力状態

表2.3 真理値表入力の組合せ

(a)1変数
A
0
1

(b)2変数	
A	B
0	0
0	1
1	0
1	1

(c)3変数		
A	B	C
0	0	0
0	0	1
0	1	0
0	1	1
1	0	0
1	0	1
1	1	0
1	1	1

例題 2.3

表2.1の文章を真理値表で示せ. ただし, スイッチ A, B を入力として, スイッチを押すと1, もとの状態を0, 電灯 Y の点灯を $Y = 1$, 消灯をその逆の $Y = 0$ とする. さらに, 作成した真理値表から図2.3の回路動作を確認せよ.

解

①表2.1の変数は (a) 1変数 A, (b) 2変数 A, B, (c) 2変数 A, B, (d) 1変数 A である.

各入力変数に応じた真理値表の枠を表2.4のように描き, 入力の欄に入力のすべての組合せを記入する.

表2.4 真理値表の作成

(a)	
A	Y
0	
1	

(b)		
A	B	Y
0	0	
0	1	
1	0	
1	1	

(c)		
A	B	Y
0	0	
0	1	
1	0	
1	1	

(d)	
A	Y
0	
1	

②表2.1の各動作

(a) 「スイッチ A を押すと電灯が点灯し, 放すと消灯する」ので, Y は A と同じ動作をする. $A = 1$ のとき $Y = 1$, $A = 0$ のとき $Y = 0$ になる. この状態を表2.4 (a) に記入する.

(b) 「スイッチ A とスイッチ B をともに押したときだけ電灯が点灯する」ので, $A = B = 1$ のときのみ $Y = 1$ になる. その他の入力では $Y = 0$ である. この状態を表2.4 (b) に記入する.

(c) 「スイッチ A またはスイッチ B のいずれか, またはともに押すと電灯が点灯する」ので, $A = 1$ か $B = 1$ のとき, または $A = B = 1$ のとき $Y = 1$ になる. $Y = 0$ は $A = B = 0$ のときのみである. この状態を表2.4 (c)

　　　に記入する.

　(d)　「通常電灯は点灯しているが，スイッチ A を押すと回路が絶たれて消灯
　　　する」ので，Y は A の逆の動作をする．$A = 0$ のとき $Y = 1$，$A = 1$ の
　　　とき $Y = 0$ になる．この状態を表2.4（d）に記入する.

③図2.5の上段の真理値表が得られる.

④図2.5の下段に図2.3を再記し，真理値表と回路動作を確認する．真理値表が
　回路動作を明確に表現していることがよくわかる.

A	Y
0	0
1	1

A	B	Y
0	0	0
0	1	0
1	0	0
1	1	1

A	B	Y
0	0	0
0	1	1
1	0	1
1	1	1

A	Y
0	1
1	0

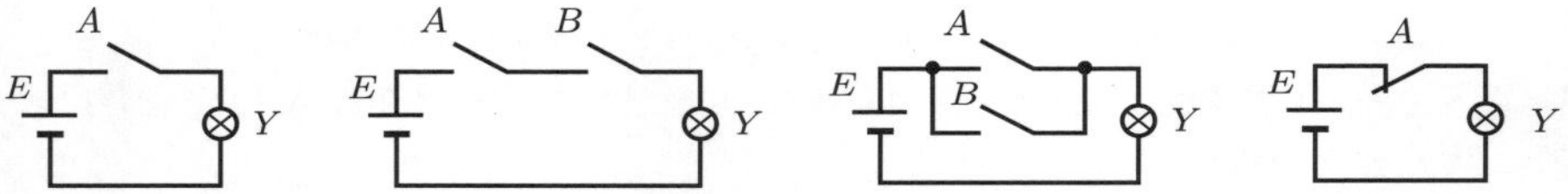

（a）　　　　　　　（b）　　　　　　　（c）　　　　　　　（d）

図2.5　真理値表とスイッチ回路

　【例題2.3】のように，文章や思考上での入出力の関係を真理値表で表すと，回路の
入出力関係がよくわかり，回路動作がよりよく理解できる．真理値表が回路の入出力
関係を明確に表現しているので，真理値表から論理式を求めて回路を設計したり，回
路の動作検証などを行うことができる.

例題 2.4　3人による多数決の真理値表を作成せよ.

解

①多数決は3人の動作で決まるから，入力は3変数で，そのすべての組合せは 2^3
　$= 8$ 通りある.

②出力を Y とする3変数 A，B，C の真理値表の枠を作成する．$000 \sim 111$ ま
　での8通りの組合せを2進数とみなして数の小さい順に上から並べて真理値表
　の入力欄に記入する（表2.3の3変数を参照）.

③入力 A，B，C が対等の投票権をもっているとすると，多数決であるからこの
　うちの2人以上が1である入力に対する出力に1を記入し，その他の出力に0
　を記入する.

④表2.5の真理値表が得られる.

表2.5	多数決の真理値表		
A	B	C	Y
0	0	0	0
0	0	1	0
0	1	0	0
0	1	1	1
1	0	0	0
1	0	1	1
1	1	0	1
1	1	1	1

例題 2.5 10進数0〜7のうちで，数が2, 4, 6のとき出力Yが1になる真理値表を作成せよ．

解 ① 10進数で最大の数7を2進数に変換すると，$(7)_{10} = (1\,1\,1)_2$ になるから，変数を A, B, C として000〜111までのすべての組合せを入力とする．

② 3変数の真理値表の枠を作成し，入力000〜111までの組合せを2進数とみなして，数の小さい順に上から並べて入力欄に記入する．さらに，その左側の欄外に10進数で0〜7を記す．10進数2, 4, 6に対応する出力に1を記入し，その他の出力に0を記入する．

③ 表2.6の真理値表が得られる．

表2.6	真理値表			
$(\quad)_{10}$	A	B	C	Y
0	0	0	0	0
1	0	0	1	0
2	0	1	0	1
3	0	1	1	0
4	1	0	0	1
5	1	0	1	0
6	1	1	0	1
7	1	1	1	0

2.3 基本論理演算と論理式

　入力 A, B, 出力 Y の取りうる値が1または0の2値である2値論理関数 $Y = f(A, B)$ において，次の論理演算が定義される．

①A と B がともに 1 のときのみ Y が 1 になる演算を,

$$Y = A \cdot B (= AB) \qquad \text{(AND)}$$

と表す. 演算名称を ÂND または論理積(logical product)といい, 記号・(アンド)を付けて表される(・は省略してもよい).

②A または B のいずれか, またはともに 1 のとき Y が 1 になる演算を,

$$Y = A + B \qquad \text{(OR)}$$

と表す. 演算名称を ÔR または論理和(logical sum)といい, 記号＋(オア)を付けて表される.

③入力が A のみで, A が 0 のとき Y が 1 になり, A が 1 のとき Y が 0 になる演算を,

$$Y = \overline{A} \qquad \text{(NOT)}$$

と表す. 演算名称を NÔT または否定(negation)といい, A の否定が出力される. 記号￣(バー)を付けて表される.

これら AND, OR, NOT 演算を基本論理演算という. 表 2.7 に基本論理演算の論理名称, 論理式, 真理値表を示す.

表 2.7　基本論理演算の論理名称, 論理式, 真理値表

(a) AND（論理積）
$Y = AB$

A	B	Y
0	0	0
0	1	0
1	0	0
1	1	1

(b) OR（論理和）
$Y = A + B$

A	B	Y
0	0	0
0	1	1
1	0	1
1	1	1

(c) NOT（否定）
$Y = \overline{A}$

A	Y
0	1
1	0

④論理積の否定を NÂND または論理積否定といい, AND の否定として次式で表される.

$$Y = \overline{AB} \qquad \text{(NAND)}$$

⑤論理和の否定を NÔR または論理和否定といい, OR の否定として次式で表される.

$$Y = \overline{A + B} \qquad \text{(NOR)}$$

⑥入力値が一致なら 0, 不一致なら 1 を出力する演算を,

$$Y = A \oplus B (= \overline{A}B + A\overline{B}) \qquad \text{(XOR)}$$

と表す. 演算名称を EXCLUSIVE OR または排他的論理和といい, XOR, EOR, EXOR などと表される. 記号は ⊕ である.

⑦入力値が一致なら 1, 不一致なら 0 を出力する演算を,

$$Y = \overline{A \oplus B} \qquad \text{(XNOR)}$$

と表す. 演算名称を EXCLUSIVE NOR または対等, 排他的 NOR, 排他的論理和否定といい, XNOR, ENOR, EXNOR などと表される.

表 2.8 に NAND, NOR, XOR, XNOR の論理式, 真理値表を示す.

表 2.8 NAND, NOR, XOR, XNOR の論理式, 真理値表

(a) NAND (論理積否定) $Y = \overline{AB}$			(b) NOR (論理和否定) $Y = \overline{A+B}$			(c) XOR (排他的論理和) $Y = A \oplus B$			(d) XNOR (対等) $Y = \overline{A \oplus B}$		
A	B	Y	A	B	Y	A	B	Y	A	B	Y
0	0	1	0	0	1	0	0	0	0	0	1
0	1	1	0	1	0	0	1	1	0	1	0
1	0	1	1	0	0	1	0	1	1	0	0
1	1	0	1	1	0	1	1	0	1	1	1

図 2.5 (b)～(d) および表 2.7 の関係を, まとめて図 2.6 に示す. a 接点のスイッチの直列回路は AND 演算, 並列回路は OR 演算, b 接点のスイッチは NOT 演算であることがわかる. 図 2.6 がスイッチによる基本論理演算である.

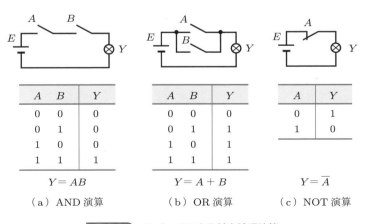

A	B	Y
0	0	0
0	1	0
1	0	0
1	1	1

$Y = AB$

（a）AND 演算

A	B	Y
0	0	0
0	1	1
1	0	1
1	1	1

$Y = A + B$

（b）OR 演算

A	Y
0	1
1	0

$Y = \overline{A}$

（c）NOT 演算

図 2.6 スイッチによる基本論理演算

演習問題

2.1 以下の項目について説明せよ.

(1) 接点スイッチにおけるa接点, b接点

(2) リレースイッチ

2.2 2値論理関数において, n 変数の入力のすべての組合せは何通りあるか. また, 3変数の入力のすべての組合せを記せ.

2.3 図2.7に電池 E とスイッチ A, B, C とによる電灯 Y の点灯回路を示す. スイッチが図の状態なら0, 押したら1として, 電灯 Y が点灯すると $Y = 1$, 消灯すると $Y = 0$ とする.

(1) ( )に2値状態(1, 0)の適語を入れよ.

$Y = 1$ になるのは A が( )で B が( )のとき, または( )が1のときである.

(2) 真理値表を作成せよ.

(3) 図2.7の論理式を求めよ.

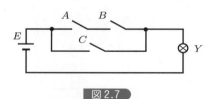

図2.7

2.4 スイッチ A, B はそれぞれ連動スイッチである. スイッチの動作, 電灯の点灯, 消灯状態を【演習問題2.3】と同様に考えて, 図2.8の真理値表を求めよ. また, この論理名称, 論理式を記せ.

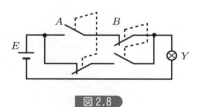

図2.8

2.5 2入力 A, B におけるすべての入力と出力を記入した表を表2.9に示す. 表の記入例に従って論理演算として使用できる欄を見つけ, その欄に演算名と論理式を記入せよ. なお, 各欄に記入する論理式の出力は Y とする.

表2.9

A	B	Y_1	Y_2	Y_3	Y_4	Y_5	Y_6	Y_7	Y_8	Y_9	Y_{10}	Y_{11}	Y_{12}	Y_{13}	Y_{14}	Y_{15}	Y_{16}
0	0	0	0	0	0	0	0	0	0	1	1	1	1	1	1	1	1
0	1	0	0	0	0	1	1	1	1	0	0	0	0	1	1	1	1
1	0	0	0	1	1	0	0	1	1	0	0	1	1	0	0	1	1
1	1	0	1	0	1	0	1	0	1	0	1	0	1	0	1	0	1
演算名			AND														
演算名			論理積														
論理式			$Y=AB$														

（例）

3 ブール代数と論理式

　　この章では，論理式の演算や等式の確認などを図式で求めるベン図の描き方，論理演算にとって重要なブール代数の等式を学び，さらに真理値表から論理式を求める方法や，逆に論理式から真理値表を求めたり，等式の証明に真理値表を利用する方法について学ぶ．

3.1　ベン図

　論理式の演算や等式の確認，論理式の簡単化などを視覚的に求めるのに，ベン図（Venn diagram）が用いられる．ベン図は全体集合を 1，空集合を 0，変数 A, B, C を部分集合として，各領域を図 3.1 のように描く．四角の全領域を 1 としてそれぞれの領域を円で表し，円の領域外を否定とする．

（a）全体領域

（b）1 変数
（c）2 変数
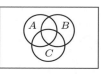
（d）3 変数

図 3.1　ベン図による変数領域の表示

ベン図の記入方法．

① 変数の数だけの円領域を図 3.1 に従って描く．

② AND（論理積）演算は各変数の共通領域，OR（論理和）演算は各変数のすべてを含む領域，NOT（否定）演算はその領域外として求める．

　図 3.2 に，ベン図の表現による 1, 0, A, $\overline{A}$, AB, $A + B$ の領域を青で示す．

（a）1：全体領域

（b）0：何も含まない領域

（c）A：A の領域

（d）$\overline{A}$：A の NOT 演算であるから，A の領域以外

（e）AB：A と B の AND 演算であるから，A と B の共通領域

（f）$A + B$：A と B の OR 演算であるから，A と B のすべてを含む領域

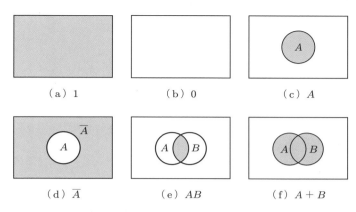

図 3.2 ベン図による領域

例題
3.1

$A \cdot 1 = A$ をベン図で示せ.

解

①1 変数であるから図 3.1（b）の図を描き，A の領域を青くする．次に，図 3.1
（a）の図を描き，1 の領域である全体を青くする．それぞれの領域は図 3.3（a），
（b）となる．

図 3.3 ベン図による領域

②演算が AND であるから二つの領域の共通領域を求める．
③図 3.4 が得られ，結果は A である．$A \cdot 1 = A$

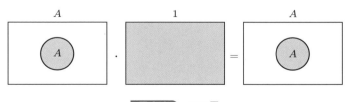

図 3.4 ベン図

例題 3.2 $Y = \overline{AB}$, $Y = \overline{A + B}$, $Y = AB + BC + AC$ をベン図で示せ．なお，ベン図の青い領域を解とする．

解 ① $Y = \overline{AB}$

2変数であるから図 3.1 (c) の図を描き，A と B の共通領域以外の領域を求める．図 3.5 (a) が得られる．

② $Y = \overline{A+B}$

2変数であるから図 3.1 (c) の図を描き，A と B のすべての領域を含む領域以外の領域を求める．図 3.5 (b) が得られる．

③ $Y = AB + BC + AC$

3変数であるから図 3.1 (d) の図を描き，A と B の共通領域，B と C の共通領域，A と C の共通領域を求める．図 3.5 (c) が得られる．

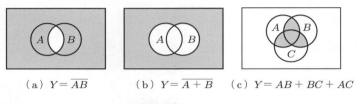

(a) $Y = \overline{AB}$ (b) $Y = \overline{A + B}$ (c) $Y = AB + BC + AC$

図 3.5 ベン図

3.2 ブール代数

スイッチの ON，OFF のように，互いに異なる二つの状態（2値）を取り扱う論理関数の演算にはブール代数が用いられる．

論理変数値および論理関数値が 0 または 1 をとり，論理積（AND，記号・），論理和（OR，記号＋），否定（NOT，記号￣）の演算からなる代数を論理代数（logical algebra），または論理学の基礎を確立したジョージ・ブール（Geoge Boole：イギリス，1847 年に論文発表）の名にちなんでブール代数（Boolean algebra）という．ブール代数は，論理回路の設計における論理式の演算や式の簡単化にとって重要な代数である．以下に，ブール代数の基本的な公理，定理を示す．定理は公理を用いて証明されるが，真理値表やベン図を用いることにより容易に理解することができる．演算は（　）内を優先し，NOT，AND，OR の順に行う．AND 演算記号の・は支障がなければ省略することができる．なお，算術演算と論理演算とは表 3.1 のように異なるので注意しなければならない．

| 表 3.1 | 算術演算と論理演算の違い |

	算術演算	論理演算
・	乗算	論理積
＋	加算	論理和
1, 0	数値	状態

3.2.1 公理

①論理演算（論理積 AND と論理和 OR）

$$\begin{cases} \text{ⓐ}\ 0 \cdot 0 = 0,\ \ 0 \cdot 1 = 1 \cdot 0 = 0,\ \ 1 \cdot 1 = 1 \\ \text{ⓑ}\ 1 + 1 = 1,\ \ 1 + 0 = 0 + 1 = 1,\ \ 0 + 0 = 0 \end{cases}$$

$$\begin{cases} \text{ⓐ}\ A \cdot 0 = 0,\ \ A \cdot 1 = A,\ \ A \cdot \overline{A} = 0 \\ \text{ⓑ}\ A + 1 = 1,\ \ A + 0 = A,\ \ A + \overline{A} = 1 \end{cases} \quad \begin{cases} \text{ⓐ}\ \overline{0} = 1 \\ \text{ⓑ}\ \overline{1} = 0 \end{cases}$$

②交換則

$$\begin{cases} \text{ⓐ}\ A \cdot B = B \cdot A \\ \text{ⓑ}\ A + B = B + A \end{cases}$$

③分配則

$$\begin{cases} \text{ⓐ}\ A \cdot (B + C) = (A \cdot B) + (A \cdot C) \\ \text{ⓑ}\ A + (B \cdot C) = (A + B) \cdot (A + C) \end{cases}$$

3.2.2 定理

①べき等則

$$\begin{cases} \text{ⓐ}\ A \cdot A = A \\ \text{ⓑ}\ A + A = A \end{cases}$$

②二重否定

$$\overline{\overline{A}} = A$$

③結合則

$$\begin{cases} \text{ⓐ}\ A \cdot (B \cdot C) = (A \cdot B) \cdot C \\ \text{ⓑ}\ A + (B + C) = (A + B) + C \end{cases}$$

④吸収則

$$\begin{cases} \text{ⓐ}\ A \cdot (A + B) = A \\ \text{ⓑ}\ A + (A \cdot B) = A \end{cases} \quad \begin{cases} \text{ⓐ}\ A \cdot (\overline{A} + B) = A \cdot B \\ \text{ⓑ}\ A + (\overline{A} \cdot B) = A + B \end{cases}$$

⑤ド・モルガンの定理（De Morgan's theorem）

$$\begin{cases} ⓐ \ \overline{A \cdot B} = \overline{A} + \overline{B} \\ ⓑ \ \overline{A + B} = \overline{A} \cdot \overline{B} \end{cases}$$

　公理，定理の@，⑥の関係は，$1 \rightleftarrows 0$ を，AND $\rightleftarrows$ OR を入れ替えて得られる等式も成り立つことを示している．これら二つの等式は双対（duality）の関係にあるという．
　ド・モルガンの定理は，変数の肯定と否定，AND と OR とがそれぞれ逆の関係にあるとすると，すべての演算を逆に変換し，さらに式の全体を否定して得られる式は，もとの式と等しいことを意味している．ド・モルガンの定理は論理式や論理記号における AND 演算 $\rightleftarrows$ OR 演算変換にとって重要な関係式である．論理記号変換については6章で学ぶ．

▌3.2.3▶ 定理の証明例

① $\overline{\overline{A}} = A$

$\overline{\overline{A}} = \overline{\overline{A}} \cdot 1 = \overline{\overline{A}} \cdot (A + \overline{A}) = \overline{\overline{A}} \cdot A + \overline{\overline{A}} \cdot \overline{A} = \overline{\overline{A}} \cdot A + 0 = \overline{\overline{A}} \cdot A + \overline{A} \cdot A$
　　公理① 　　公理① 　　　　公理③ 　　　　　公理① 　　　　　公理①

$\quad = A \cdot (\overline{\overline{A}} + \overline{A}) = A \cdot 1 = A \qquad \therefore \overline{\overline{A}} = A$
　　公理③ 　　　　公理① 　公理①

② $A \cdot (A + B) = A$

$A \cdot (A + B) = A \cdot A + A \cdot B = A \cdot (1 + B) = A \cdot 1 = A \qquad \therefore A \cdot (A + B) = A$
　　　　公理③ 　　　　　公理③ 　　　　公理① 　公理①

③ $A + \overline{A} \cdot B = A + B$

$A + \overline{A} \cdot B = (A + \overline{A}) \cdot (A + B) = 1 \cdot (A + B) = A + B \qquad \therefore A + \overline{A} \cdot B = A + B$
　　　　公理③ 　　　　　　　公理① 　　　公理①

④その他の公理，定理は，ベン図，真理値表を描くことにより確認できる．

例題 3.3	双対の新たな等式を求めよ．

$\qquad$ (a) $A(B + C) = AB + AC$, (b) $A + 0 = A$

解	AND を OR に，OR を AND に，0 を 1 に変換することにより，新たな双対の等式が得られる．

$\qquad$ (a) $A + BC = (A + B)(A + C)$, (b) $A \cdot 1 = A$

例題 3.4	ド・モルガンの定理 $\overline{A}\,\overline{B} = \overline{A + B}$, $\overline{A} + \overline{B} = \overline{AB}$ をベン図で確認せよ．

解 ①$\overline{A}\,\overline{B}$：2変数のベン図を2面描き，最初のベン図に$\overline{A}$の領域を，次のベン図に$\overline{B}$の領域を記入する．演算がANDであるから，二つの共通領域が求める解である．図3.6が得られ，結果は$\overline{A+B}$である．

②$\overline{A}+\overline{B}$：2変数のベン図を2面描き，最初のベン図に$\overline{A}$の領域を，次のベン図に$\overline{B}$の領域を記入する．演算がORであるから，この二つを含む領域が求める解である．図3.7が得られ，結果は$\overline{AB}$である．

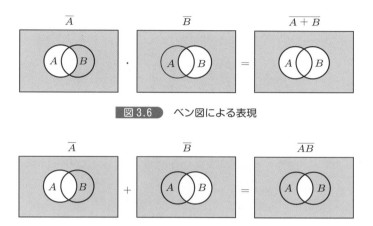

図3.6　ベン図による表現

図3.7　ベン図による表現

例題3.5 $Y=A+B$をAND演算に変換せよ．

解 ①ド・モルガンの定理から，変数の肯定を否定に（$A\rightarrow\overline{A}$, $B\rightarrow\overline{B}$），ORをANDに変換し，さらに式の全体を否定する．

②すべてを変換することにより次式が得られる．

$$Y=A+B=\overline{\overline{A}\,\overline{B}}$$

3.3 真理値表から論理式を求める

論理回路の入出力関係を表した真理値表から，論理式を求めることができる．真理値表から求める論理式の形には，主加法標準形と主乗法標準形がある．

3.3.1 主加法標準形

すべての変数を含む論理積の項を最小項といい，最小項の論理和を主加法標準形（principal disjunctive canonical form）という．主加法標準形は，真理値表の出力が

1になる入力に着目し，入力の1を肯定，0を否定として変数の論理積を作り，それら
の項のすべての論理和を求めることにより得られる．

例題 3.6

表3.2の真理値表から論理式を主加法標準形で求めよ．

表 3.2　真理値表

A	B	Y
0	0	0
0	1	1
1	0	1
1	1	0

解

①真理値表の出力 Y が1になる入力に着目する．

②真理値表の出力 Y が1になる入力は，それぞれ（0 1）と（1 0）である．1を肯定，0を否定として図3.8（a）のように変数の論理積に変換する．

③変数の論理積を，図（b）のように対応する $Y = 1$ の欄外に記入する．

④論理積のすべての論理和を求めることにより，次式が得られる．

$$Y = \overline{A}B + A\overline{B}(= A \oplus B)$$

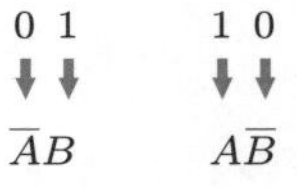

A	B	Y	
0	0	0	
0	1	1	$\overline{A}B$
1	0	1	$A\overline{B}$
1	1	0	

0 1　　　1 0
↓↓　　　↓↓
$\overline{A}B$　　　$A\overline{B}$

（a）変換　　　　　　（b）論理積

図 3.8　真理値表と論理積

例題 3.7

3人による多数決の真理値表を作成し，論理式を主加法標準形で求めよ．得られた論理式のそれ以上の演算は不要である．

解

①【例題2.4】を参照して，3人による多数決の真理値表を作成する（図3.9（a））．

②真理値表の出力 Y が1になる入力に着目する．入力の1を肯定，0を否定として，図（b）のように変数の論理積に変換する．

③変数の論理積を，図（c）のように対応する $Y = 1$ の欄外に記入する．

④論理積のすべての論理和を求めることにより，次式が得られる．

$$Y = \overline{A}BC + A\overline{B}C + AB\overline{C} + ABC$$

A	B	C	Y
0	0	0	0
0	0	1	0
0	1	0	0
0	1	1	1
1	0	0	0
1	0	1	1
1	1	0	1
1	1	1	1

（a）真理値表

$$0\ 1\ 1\quad 1\ 0\ 1\quad 1\ 1\ 0\quad 1\ 1\ 1$$
$$\downarrow\downarrow\downarrow\quad \downarrow\downarrow\downarrow\quad \downarrow\downarrow\downarrow\quad \downarrow\downarrow\downarrow$$
$$\overline{A}BC\quad A\overline{B}C\quad AB\overline{C}\quad ABC$$

（b）変換

A	B	C	Y	
0	0	0	0	
0	0	1	0	
0	1	0	0	
0	1	1	1	$\overline{A}BC$
1	0	0	0	
1	0	1	1	$A\overline{B}C$
1	1	0	1	$AB\overline{C}$
1	1	1	1	ABC

（c）論理積

図 3.9 3 人による多数決の真理値表と論理積

3.3.2 主乗法標準形

すべての変数を含む論理和の項を最大項といい，最大項の論理積を主乗法標準形（principal conjunctive canonical form）という．主乗法標準形は真理値表の出力が 0 になる入力に着目し，入力の 0 を肯定，1 を否定として変数の論理和を作り，それらのすべての論理積を求めることにより得られる．

例題 3.8 表 3.3 の真理値表から論理式を主乗法標準形で求めよ．得られた論理式のそれ以上の演算は不要である．

表 3.3 真理値表

A	B	Y
0	0	0
0	1	1
1	0	1
1	1	0

解 ①真理値表の出力 Y が 0 になる入力に着目する．
②真理値表の出力 Y が 0 になる入力は，それぞれ（0 0）と（1 1）である．1 を否定，0 を肯定として，図 3.10（a）のように変数の論理和に変換する．
③変数の論理和を，図（b）のように対応する $Y = 0$ の欄外に記入する．
④論理和のすべての論理積を求めることにより，次式が得られる．

$$Y = (A + B)(\overline{A} + \overline{B})$$

得られた式を展開すると

A	B	Y	
0	0	0	$A + B$
0	1	1	
1	0	1	
1	1	0	$\overline{A} + \overline{B}$

$$0\ 0 \qquad 1\ 1$$
$$\Downarrow\Downarrow \qquad \Downarrow\Downarrow$$
$$A + B \qquad \overline{A} + \overline{B}$$

（a）変換　　　　　　　（b）論理和

図 3.10　真理値表と論理和

$$Y = (A + B)(\overline{A} + \overline{B}) = A\overline{A} + A\overline{B} + \overline{A}B + B\overline{B}$$
$$= A\overline{B} + \overline{A}B(= A \oplus B)$$

となり，主加法標準形で求めた【例題 3.6】の式と等しくなる.

例題 3.9

3 人による多数決の真理値表を作成し，論理式を主乗法標準形で求めよ．得られた論理式のそれ以上の演算は不要である.

解

①【例題 2.4】を参照して，3 人による多数決の真理値表を作成する（図 3.11 (a)).

②真理値表の出力 Y が 0 になる入力に着目する．入力の 1 を否定，0 を肯定として，図（b）のように変数の論理和に変換する.

③変数の論理和を，図（c）のように対応する $Y = 0$ の欄外に記入する.

④論理和のすべての論理積を求めることにより，次式が得られる.

$$Y = (A + B + C)(A + B + \overline{C})(A + \overline{B} + C)(\overline{A} + B + C)$$

A	B	C	Y
0	0	0	0
0	0	1	0
0	1	0	0
0	1	1	1
1	0	0	0
1	0	1	1
1	1	0	1
1	1	1	1

$$0\ 0\ 0 \qquad 0\ 0\ 1$$
$$\Downarrow\ \Downarrow\ \Downarrow \qquad \Downarrow\ \Downarrow\ \Downarrow$$
$$A + B + C \quad A + B + \overline{C}$$

$$0\ 1\ 0 \qquad 1\ 0\ 0$$
$$\Downarrow\ \Downarrow\ \Downarrow \qquad \Downarrow\ \Downarrow\ \Downarrow$$
$$A + \overline{B} + C \quad \overline{A} + B + C$$

A	B	C	Y	
0	0	0	0	$A + B + C$
0	0	1	0	$A + B + \overline{C}$
0	1	0	0	$A + \overline{B} + C$
0	1	1	1	
1	0	0	0	$\overline{A} + B + C$
1	0	1	1	
1	1	0	1	
1	1	1	1	

（a）真理値表　　　　　　（b）変換　　　　　　　（c）論理和

図 3.11　3 人による多数決の真理値表と論理和

真理値表から論理式を求める場合，主加法標準形，主乗法標準形のいずれによるか

は，項の数が少なく，演算が簡単なほうを選ぶことになる．

3.4 論理式から真理値表を求める

論理式から真理値表を作成するには，3.3節の真理値表から論理式を求める手順の逆を行う．

▎3.4.1▶ 論理積とそれらの論理和で表された論理式の真理値表を求める

$Y = \overline{A}B + A\overline{B}$ のように，論理式が論理積とそれらの論理和（積和の形）で表されているなら，積の項のいずれかが1のとき$Y = 1$になるから，それぞれの積の項が1になる入力状態を求めればよい．すなわち，次の手順で真理値表が得られる．

① 変数の肯定を1，否定を0として，論理積の項を1，0で表す．

② これを入力とした出力の欄に1を記入し，その他の入力に対する出力に0を記入する．

> **例題 3.10**　$Y = \overline{A}BC + A\overline{B}C + AB\overline{C} + ABC$で表される論理式の真理値表を作成せよ．

> **解**

① 論理式が積和の形で表されているから，変数の肯定を1，否定を0として，各項を1，0に変換する．

$$Y = \overline{A}BC + A\overline{B}C + AB\overline{C} + ABC$$
$$\downarrow\downarrow\downarrow \quad\quad \downarrow\downarrow\downarrow \quad\quad \downarrow\downarrow\downarrow \quad\quad \downarrow\downarrow\downarrow$$
$$0\,1\,1 \quad\quad 1\,0\,1 \quad\quad 1\,1\,0 \quad\quad 1\,1\,1$$

② 出力をYとする3変数A，B，Cの真理値表を作成し，(0 1 1)，(1 0 1)，(1 1 0)，(1 1 1)を入力とする出力欄に1を記入し，その他の出力に0を記入する．

③ 表3.4が得られる．

表3.4　真理値表

A	B	C	Y
0	0	0	0
0	0	1	0
0	1	0	0
0	1	1	1
1	0	0	0
1	0	1	1
1	1	0	1
1	1	1	1

3.4.2 ▶ 論理和とそれらの論理積で表された論理式の真理値表を求める

(1) $Y = (A + B)(\overline{A} + \overline{B})$ のように，論理式が論理和とそれらの論理積（和積の形）で表されているなら，和の項のいずれかが 0 のとき $Y = 0$ になるから，それぞれの和の項が 0 になる入力状態を求めればよい．すなわち，次の手順で真理値表が得られる．

① 変数の肯定を 0，否定を 1 として論理和の項を 0，1 で表す．

② これを入力とした出力の欄に 0 を記入し，その他の入力に対する出力に 1 を記入する．

(2) 論理式を分配則により積和の形に変換し，【例題 3.10】にならって真理値表を作成する．

例題 3.11

$Y = (A + B)(\overline{A} + \overline{B})$ の真理値表を作成せよ．

解

① 論理式が和積の形で表されているから，変数の肯定を 0，否定を 1 に変換する．

$$Y = (A + B)(\overline{A} + \overline{B})$$
$$\downarrow \quad \downarrow \quad \downarrow \quad \downarrow$$
$$0 \quad 0 \quad 1 \quad 1$$

② 出力を Y とする 2 変数 A, B の真理値表を作成し，(0 0)，(1 1) を入力とする出力欄に 0 を記入し，その他の出力に 1 を記入する．

③ 表 3.5 が得られる．

表 3.5　真理値表

A	B	Y
0	0	0
0	1	1
1	0	1
1	1	0

例題 3.12

$Y = (A + B)(\overline{A} + \overline{B})$ の真理値表を作成せよ．

解

① 論理式を分配則により積和の形に変換し，変数の肯定を 1，否定を 0 として各項を 1，0 に変換する．

$$Y = (A + B)(\overline{A} + \overline{B}) = A\overline{A} + A\overline{B} + \overline{A}B + B\overline{B} = A\overline{B} + \overline{A}B$$
$$\downarrow\downarrow \quad \downarrow\downarrow$$
$$10 \quad 01$$

②出力を Y とする2変数 A, B の真理値表を作成し, (1 0), (0 1) を入力とする出力欄に1を記入し, その他の出力に0を記入する.

③表3.5と同じ真理値表が得られる.

3.5　真理値表による論理式の証明

真理値表は論理回路の入出力関係を知ることのほかに, 等式で表された論理式の証明や確認にも使われる. すなわち, 式の左辺と右辺の真理値表が等しければそれらは同等の動作をするから, 等式は成り立つ. また, 論理式どうしの真理値表が同じであれば, それらの論理式は等価であるといえる.

例題 3.13　ド・モルガンの定理 $\overline{A + B} = \overline{A}\,\overline{B}$ が成り立つことを, 表3.6の真理値表を作成して証明せよ.

表3.6　真理値表の作成

A	B	$A + B$	$\overline{A + B}$	$\overline{A}$	$\overline{B}$	$\overline{A}\,\overline{B}$
0	0					
0	1					
1	0					
1	1					

解　① $A + B$ の論理値を $A + B$ の欄に記入する. これを否定した $\overline{A + B}$ の論理値を $\overline{A + B}$ の欄に記入する.

② $\overline{A}$ と $\overline{B}$ の論理値を $\overline{A}$ と $\overline{B}$ の欄に記入する. これらの論理積 $\overline{A}\,\overline{B}$ の論理値を $\overline{A}\,\overline{B}$ の欄に記入する.

③表3.7が得られる.

④入力 A, B に対して, $\overline{A + B}$ と $\overline{A}\,\overline{B}$ の論理値が同じである.

$$\therefore\quad \overline{A + B} = \overline{A}\,\overline{B}$$

表3.7　真理値表による論理式の証明

A	B	$A + B$	$\overline{A + B}$	$\overline{A}$	$\overline{B}$	$\overline{A}\,\overline{B}$
0	0	0	1	1	1	1
0	1	1	0	1	0	0
1	0	1	0	0	1	0
1	1	1	0	0	0	0

3.6　完全系

AND，OR，NOT の3種類の演算子を組み合わせることにより，あらゆる論理式が構成できることをすでに学んだ．このように，すべての論理式を構成することができる演算子の組合せを完全系（complete set）とか完備性（completeness）という．NAND や NOR は，以下に示すようにそれぞれ単独で AND，OR，NOT の演算を行うことができるので，それだけで完全系をなす．

① NAND で NOT，AND，OR 機能を構成する．

$$\text{NOT}：\overline{A} = \overline{A \cdot A} \quad \text{（NAND1 個で構成）}$$
$$\text{AND}：A \cdot B = \overline{\overline{A \cdot B}} \quad \text{（NAND2 個で構成）}$$
$$\text{OR}：A + B = \overline{\overline{A + B}} = \overline{\overline{A} \cdot \overline{B}} = \overline{\overline{A \cdot A} \cdot \overline{B \cdot B}} \quad \text{（NAND3 個で構成）}$$

② NOR で NOT，AND，NOR 機能を構成する．

$$\text{NOT}：\overline{A} = \overline{A + A} \quad \text{（NOR1 個で構成）}$$
$$\text{AND}：A \cdot B = \overline{\overline{A} + \overline{B}} = \overline{\overline{A + A} + \overline{B + B}} \quad \text{（NOR3 個で構成）}$$
$$\text{OR}：A + B = \overline{\overline{A + B}} \quad \text{（NOR2 個で構成）}$$

これらの関係は，6章で学ぶ論理記号の変換から容易に求めることができる．

演習問題

3.1　(1) $A\overline{A} = 0$　(2) $A + 1 = 1$　(3) $A + \overline{A} = 1$ をベン図で確認せよ．

3.2　$(A + B)(A + C) = A + BC$ であることをベン図で示せ．

3.3　次の式の双対の式を求めよ．
　　(1) $A + B = B + A$　(2) $A + (BC) = (A + B)(A + C)$
　　(3) $A(BC) = (AB)C = (AC)B = ABC$　(4) $A + \overline{A}B = A + B$

3.4　次の式を論理式の展開により証明せよ．
　　(1) $(A + B)(A + C) = A + BC$　(2) $A(\overline{A} + B) = AB$　(3) $A + \overline{A}B = A + B$

3.5　次の式を OR 演算に変換せよ．結果を再び AND 演算に変換し，もとの式になることを確認せよ．
　　(1) $Y = \overline{\overline{A}\,\overline{B}}$　(2) $Y = \overline{A}B$

3.6　ド・モルガンの定理から次の式の（　）の論理式を求めよ．
　　$Y = A + \overline{A}\,\overline{B} = \overline{\overline{A} \cdot (1)} = \overline{\overline{A}((2) + (3))} = \overline{(4) \cdot B} = (5) + (6)$
　　$Y = \overline{A}\,\overline{B} + AB = \overline{(7)} + \overline{\overline{A} + \overline{B}} = \overline{(8)(9)} = \overline{(10) + (11)} = \overline{(12) \oplus (13)}$

3.7 装置を取り囲んで，スイッチ A, B, C がそれぞれ少し離れた位置にある．誤動作を防ぐために必ず，2 人以上がともにスイッチを押さなければ装置が動作しないようにしたい．スイッチを押すと 1，押さなければ 0，装置の作動を 1，不作動を 0 として真理値表を作成し，論理式を求めよ．得られた論理式のそれ以上の演算は不要である．

3.8 10 進数 $0 \sim 7$ のうちで，数が 2, 4, 6 のとき出力 Y が 1 になる真理値表と論理式を求めよ．ただし，得られた論理式のそれ以上の演算は不要である．

3.9 次の式の真理値表を作成せよ．

(1) $Y = \overline{AB}$

(2) $Y = \overline{A}B\overline{C} + \overline{A}\,\overline{B}C + \overline{A}BC + A\overline{B}C$

(3) $Y = A(\overline{A} + B)$

(4) $Y = (A + B + C)(A + B + \overline{C})(A + \overline{B} + C)(\overline{A} + B + C)$

3.10 ド・モルガンの定理 $\overline{AB} = \overline{A} + \overline{B}$ が成り立つことを真理値表から証明せよ

4 論理式の簡単化

　　論理式の演算項を減らして，式を簡単化することは論理回路の簡素化にとって重要である．この章では，論理式を簡単化するための論理演算による方法や，ベン図，カルノー図などで視覚的に求める方法などについて学ぶ．

4.1　論理演算による論理式の簡単化

ブール代数による論理式の展開により，論理式を簡単化する．

例題 4.1　論理演算により次式を簡単化せよ．
$$Y = A\overline{B} + AB + \overline{A}\,\overline{B}$$

解　① $B + \overline{B} = 1$, $1 + \overline{B} = 1$, $A + \overline{A} = 1$ などを用いて式を簡単化する．

$$Y = A\overline{B} + AB + \overline{A}\,\overline{B} = A(\overline{B} + B) + \overline{A}\,\overline{B} = A + \overline{A}\,\overline{B}$$
$$= A(1 + \overline{B}) + \overline{A}\,\overline{B} = A + A\overline{B} + \overline{A}\,\overline{B} = A + \overline{B}(A + \overline{A})$$
$$= A + \overline{B}$$

② $A\overline{B} = A\overline{B} + A\overline{B}$ から式を簡単化する．

$$Y = A\overline{B} + AB + \overline{A}\,\overline{B} = A\overline{B} + A\overline{B} + AB + \overline{A}\,\overline{B}$$
$$= A\overline{B} + AB + A\overline{B} + \overline{A}\,\overline{B} = A(\overline{B} + B) + \overline{B}(A + \overline{A}) = A + \overline{B}$$

4.2　ベン図による論理式の簡単化

論理式の各項をベン図で描き，それらの領域を統合して論理式を簡単化する．

例題 4.2　次式の領域をベン図に描き，式を簡単化せよ．
$$Y = A + AB$$

解　① A：A の領域を図 4.1（a）に記入する．
　　AB：A と B との共通領域を図（b）に記入する．
②図（a），（b）の論理和を図（c）に記入する．
③次式が得られる．

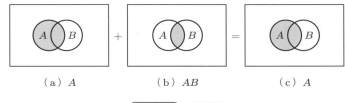

（a） A 　　　　（b） AB 　　　　（c） A

図 4.1 ベン図

$$Y = A + AB = A$$

4.3 カルノー図による論理式の簡単化

2変数（AB）の取りうる状態は，（0 0），（0 1），（1 0），（1 1）の4通りである．これらをマス目の領域で表すとき，隣り合うマス目の状態が（0 0と1 0），（0 0と0 1），（1 0と1 1），（1 1と0 1）のように，それぞれ1箇所だけ異なるように配列する．これを互いに距離 d が1だけ離れているという．$d = 1$ の領域をマス目にした図がカルノー図（Karnaugh diagram）である．カルノー図を用いることにより，真理値表から，また論理式から簡単化した論理式を視覚的に求めることができる．

図4.2に2変数カルノー図の領域を示す．2変数の領域を図（a）のようにマス目で表すと，縦のマス目は A が0の領域と1の領域，横のマス目は B が0の領域と1の領域である．各マス目は図（b）に示す領域になり，隣り合うマス目の状態が1だけ異なる $d = 1$ になっている．さらに，1を肯定，0を否定として，それぞれのマス目を変数で表すと図（c）のようになる．

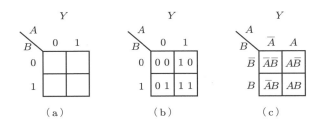

（a）　　　　（b）　　　　（c）

図 4.2 2変数カルノー図の領域

このように並べると，隣接同士の論理和は，

$$\overline{A}\,\overline{B} + \overline{A}B = \overline{A}(\overline{B} + B) = \overline{A}, \quad \overline{A}\,\overline{B} + A\overline{B} = \overline{B}(\overline{A} + A) = \overline{B}$$
$$A\overline{B} + AB = A(\overline{B} + B) = A, \quad \overline{A}B + AB = B(\overline{A} + A) = B$$

となり，論理式が簡単化される．

　共通変数の存在する隣接領域をひとまとめにすることをグループ化といい，グループ化ができれば論理式が簡単化される．グループ化は隣接領域が2のべき乗（2^1, 2^2, 2^3, …）個で最大になるように行う．グループ化によるマス目の重複利用は許され，演算項の数が最小になるようにグループ化する．

　3変数および4変数のカルノー図のマス目を，それぞれ図4.3 (a)，(b) に示す．(0 0) からはじまる $d = 1$ の配列は図 (c) のように連続につながっており，(0 0) に対する $d = 1$ は (0 0) の隣に (0 1) と (1 0) が並ぶことになる．これでは図として見にくいので，(0 0) と (1 0) の点で切り離し，配列を (0 0)，(0 1)，(1 1)，(1 0) の順に並べる．このため，(0 0) と (1 0) とは思考の中で連続につながっていることを念頭におかなければならない．なお，(0 1) の右隣は，$d = 1$ である (1 1) が並ぶことに注意が必要である．

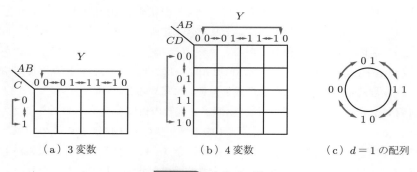

（a）3変数　　　　　　　（b）4変数　　　　　　（c）$d = 1$ の配列

図4.3　カルノー図

　5変数では，2変数と3変数のマス目を必要とする．なお，3変数の $d = 1$ の配列に関しては【演習問題4.6】で求める．それ以上の多変数は視覚的にも複雑になるため，計算機処理に適したクワイン・マクラスキー（Quine-McCluskey）法などで簡単化が求められている．

　カルノー図から論理式を求めるには，真理値表の出力が1になる入力に着目する方法と，真理値表の出力が0になる入力に着目する方法とがある．

4.3.1　真理値表の出力が1になる入力に着目したカルノー図の求め方

　真理値表の出力が1になる入力に着目したカルノー図から，論理式を求める手順を以下に示す．
①入力変数に応じたカルノー図のマス目を描く．
②真理値表の出力が1になる入力に対応したマス目に1を記入する．

③隣接領域をグループ化して共通変数項を求める．共通変数項がどのグループのものであるかを明らかにするために，グループと共通変数項とを棒線または矢印などで結ぶ．

④共通変数項の論理和を論理式とする．

例題 4.3 表4.1の真理値表の論理式を，出力 Y が1になる入力に着目したカルノー図から求めよ．得られた論理式のそれ以上の演算は不要である．

表4.1　真理値表

A	B	C	Y
0	0	0	0
0	0	1	0
0	1	0	0
0	1	1	1
1	0	0	0
1	0	1	1
1	1	0	1
1	1	1	1

解 ①入力が3変数であるから，図4.3（a）の3変数カルノー図のマス目を描く．

②真理値表の出力 Y が1になる入力に着目する．

　$Y = 1$ になる入力は，（0 1 1），（1 0 1），（1 1 0），（1 1 1）である．

　3変数のカルノー図を求める．

　　　0 1 1：AB が0 1で C が1のマス目に1を記入する．

　　　1 0 1：AB が1 0で C が1のマス目に1を記入する．

　　　1 1 0：AB が1 1で C が0のマス目に1を記入する．

　　　1 1 1：AB が1 1で C が1のマス目に1を記入する．

③図4.4（a）が得られる．

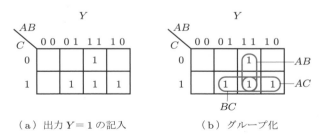

（a）出力 $Y = 1$ の記入　　　　（b）グループ化

図4.4　$Y = 1$ に着目したカルノー図

④共通変数領域をグループ化すると，図 (b) のように，A が 1 で B が 1 のグループ，B が 1 で C が 1 のグループ，A が 1 で C が 1 のグループの三つのグループができる．各グループごとに 1 を肯定，0 を否定として共通変数項を求めると，それらは順に AB，BC，AC である．

⑤それぞれの共通変数項の論理和を解とする．

$$\therefore \quad Y = AB + BC + AC$$

▌4.3.2▶ 真理値表の出力が 0 になる入力に着目したカルノー図の求め方

真理値表の出力が 0 になる入力に着目したカルノー図から，論理式を求める手順を以下に示す．

①真理値表の出力が 0 になる入力の 0 を 1，1 を 0 に変換し，これをその出力の欄外に記入して新たな入力とする．

②入力変数に応じたカルノー図のマス目を，出力が 0 の数だけ描く．

③それぞれの出力ごとに，新たな入力に対応したすべてのマス目に 1 を記入する（たとえば，新たな入力が 1 0 1 なら，A が 1 であるすべての領域に 1，B が 0 であるすべての領域に 1，C が 1 であるすべての領域に 1 を記入する）．

④入力変数に応じた新たなカルノー図のマス目を 1 面描き，新たなカルノー図のマス目に③で求めたすべてのカルノー図に共通した 1 のマス目と同じ位置のマス目に 1 を記入する．

⑤隣接領域をグループ化して共通変数項を求める．

⑥共通変数項の論理和を論理式とする．

例題 4.4 表 4.2 の真理値表の論理式を，真理値表の出力 Y が 0 になる入力に着目したカルノー図から求めよ．

表 4.2　真理値表

A	B	Y
0	0	0
0	1	1
1	0	1
1	1	1

解 ①真理値表の出力 Y が 0 になる入力に着目する. $Y = 0$ になる入力は (0 0) である. 0 を 1 に書き換え (1 1) として,これを図 4.5 (a) のように $Y = 0$ の欄外に記入し,新たな入力とする.

A	B	Y
0	0	0
0	1	1
1	0	1
1	1	1

$A\ B$
1 1

（a）真理値表　　（b）新たな入力の記入　（c）グループ化

図 4.5 真理値表と $Y = 0$ に着目したカルノー図

②入力が 2 変数,$Y = 0$ は 1 箇所であるから,図 4.2 (a) の 2 変数カルノー図のマス目を 1 面描く.

③新たな入力が (1 1) であるから,図 4.5 (b) のように,
　$A = 1$ であるすべての領域に 1 を記入する.
　$B = 1$ であるすべての領域に 1 を記入する.

④図 (c) のように共通変数領域をグループ化すると,A が 1 のグループと B が 1 のグループができ,それぞれ A,B が得られる.

⑤それぞれの共通変数項の論理和を解とする.

$$\therefore \quad Y = A + B$$

例題 4.5 表 4.3 の真理値表の論理式を,真理値表の出力 Y が 0 になる入力に着目したカルノー図から求めよ. 得られた論理式のそれ以上の演算は不要である.

表 4.3 真理値表

A	B	C	Y
0	0	0	0
0	0	1	0
0	1	0	0
0	1	1	1
1	0	0	0
1	0	1	1
1	1	0	1
1	1	1	1

解

①真理値表の出力 Y が 0 になる入力に着目し，4.3.2 項の手順に従って作図すると図 4.6（a）〜（e）が得られる.

②新たに 3 変数カルノー図のマス目を描き，図（b）〜（e）のともに 1 であるマス目に対応したマス目に 1 を記入する.

③図（f）が得られる.

④図（g）のようにグループ化すると，共通変数項は AB，BC，AC である.

⑤それぞれの共通変数項の論理和を解とする.

$$\therefore \quad Y = AB + BC + AC$$

これは $Y = 1$ になる入力に着目して求めた【例題 4.3】と同じ結果である.

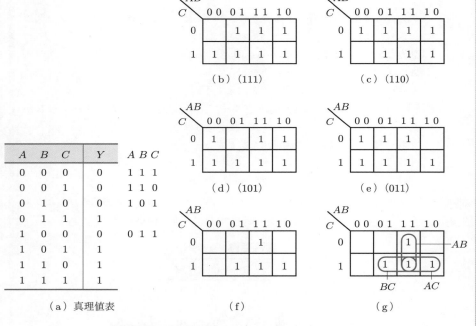

（a）真理値表　　　（f）　　　（g）

図 4.6　真理値表と $Y = 0$ に着目したカルノー図

▌4.3.3▶ 論理式をカルノー図で簡単化する

論理式をカルノー図で簡単化するには，

①変数の肯定を 1，否定を 0 に変換する.

② $Y = A\overline{B} + AB + \overline{A}\,\overline{B}$ のように，論理式が論理積とそれらの論理和（積和の形）で表されているなら，変数に応じたカルノー図のマス目を描き，それぞれの項に対応

したマス目に 1 を記入し，グループ化して論理式を求める.

③ $Y = (A + B)(\overline{A} + B)$ のように論理式が論理和とそれらの論理積（和積の形）で表されているなら，（　）の数だけカルノー図のマス目を描いて各論理和に対応するすべてのマス目に 1 を記入し，それらの共通領域から論理式を求める.

例題 4.6

$Y = \overline{A}BC + A\overline{B}C + AB\overline{C} + ABC$ をカルノー図を用いて簡単化せよ.

解

①論理式が積和の形で表されているから，$Y = 1$ になるのは各項のいずれかが 1 のときである.

変数の肯定を 1，否定を 0 として，各項を 1，0 に変換する.

$$Y = \overline{A}BC + A\overline{B}C + AB\overline{C} + ABC$$
$$\downarrow\downarrow\downarrow \quad \downarrow\downarrow\downarrow \quad \downarrow\downarrow\downarrow \quad \downarrow\downarrow\downarrow$$
$$0\,1\,1 \quad\;\; 1\,0\,1 \quad\;\; 1\,1\,0 \quad\;\; 1\,1\,1$$

② 3 変数のカルノー図を描き，$(0\,1\,1)$，$(1\,0\,1)$，$(1\,1\,0)$，$(1\,1\,1)$ のマス目に 1 を記入する.

③図 4.7（a）が得られる.

④図（b）のようにグループ化し，各共通変数項の論理和を解とする.

$$\therefore \quad Y = AB + BC + AC$$

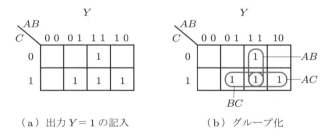

（a）出力 $Y = 1$ の記入　　　（b）グループ化

図 4.7 カルノー図

例題 4.7

$Y = (A + B)(\overline{A} + B)$ をカルノー図を用いて簡単化せよ.

解

①論理式が和積の形で表されている．$Y = 1$ になるのは，それぞれの（　）の値がともに 1 のときである.

②変数の肯定を 1，否定を 0 に変換する.

$$Y = (A + B)(\overline{A} + B)$$
$$\downarrow \quad\;\; \downarrow \quad\;\; \downarrow \quad\;\; \downarrow$$
$$1 \quad\;\; 1 \quad\;\; 0 \quad\;\; 1$$

③2変数カルノー図のマス目を（　　）数だけ描く．この場合は2面を描く．

④$(A + B)$：（　　）の値が1になるのは$A = 1$または$B = 1$のときであるから，図4.8（a）のようにAが1である領域すべてに1，Bが1である領域すべてに1を記入する．

$(\overline{A} + B)$：（　　）の値が1になるのは$A = 0$または$B = 1$のときであるから，図（b）のようにAが0である領域すべてに1，Bが1である領域すべてに1を記入する．

⑤新たに2変数カルノー図のマス目を描き，図（a），（b）のともに1であるマス目に対応したマス目に1を記入する．

⑥図（c）が得られる．

⑦図（c）の1の領域をグループ化して共通変数を解とする．

$$\therefore \quad Y = B$$

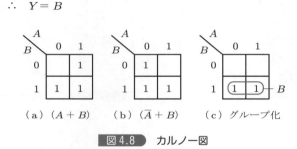

（a）$(A + B)$　　（b）$(\overline{A} + B)$　　（c）グループ化

図4.8　カルノー図

4.3.4 グループ化の例

　図4.9にグループ化の例を示す．$(0\ 0)$と$(1\ 0)$は$d = 1$の隣接領域であることに注意して，2のべき乗個の最大領域になるようにグループ化する．1の領域は隣接同士であれば何回でも使用可能である．なお，グループの取り方によっては得られる論理

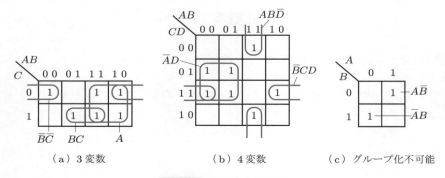

（a）3変数　　　　　　（b）4変数　　　　　（c）グループ化不可能

図4.9　グループ化の例

式に違いが生じるが，項の数が最少になるようにグループ化すればよい．ただし，論理動作が不安定になる場合には，これを回避するために冗長な論理項を追加することがある．図 (c) は隣接領域がなく，共通変数がないのでグループ化できない．

演習問題

4.1 次の式を論理式の展開により簡単化せよ．
(1) $Y = A + AB$ (2) $Y = AB + A\overline{B}$ (3) $Y = (A + B)(\overline{A} + B)$
(4) $Y = \overline{A}BC + A\overline{B}C + AB\overline{C} + ABC$

4.2 次の式をベン図により簡単化せよ．
(1) $Y = A\overline{B} + AB$ (2) $Y = (A + B)(\overline{A} + B)$
(3) $Y = \overline{A}BC + A\overline{B}C + AB\overline{C} + ABC$

4.3 表4.4の真理値表において，出力が1になる入力に着目したカルノー図から論理式を求めよ．論理式のそれ以上の演算は不要である．

表4.4 真理値表

A	B	C	Y
0	0	0	0
0	0	1	1
0	1	0	0
0	1	1	0
1	0	0	1
1	0	1	1
1	1	0	1
1	1	1	0

4.4 表4.4の真理値表において，出力が0になる入力に着目したカルノー図から論理式を求めよ．論理式のそれ以上の演算は不要である．

4.5 次の式をカルノー図により簡単化せよ．
(1) $Y = A\overline{B}C + \overline{A}BC + \overline{A}B\overline{C} + AB\overline{C} + \overline{A}\,BC + ABC$
(2) $Y = (A + B + C)(A + B + \overline{C})(A + \overline{B} + C)(\overline{A} + B + C)$

4.6 3変数のすべての組合せを0と1で表し，互いに距離が $d = 1$ だけ離れた順に並べよ．

5 論理記号

この章では，論理式を実際の論理回路図に記述するための MIL 論理機能記号とそれにより生成される論理記号について学び，論理式を論理記号で記述する方法，論理記号から真理値表や論理式を求める方法などを学ぶ.

5.1 論理機能記号と論理ゲート

5.1.1 論理機能記号

AND，OR，NOT などの論理演算を行う電子回路を論理素子（logical element），論理ゲート（logical gate）または単にゲート（gate）という.

論理記号の記述方法には JIS（Japanese Industrial Standard）規格，MIL（military standard specification）規格の MIL-STD-806 が規定した MIL 論理記号などがあるが，本書では一般的に使用されている MIL 論理記号に準じて記述する. MIL 論理記号には AND，OR，AMPLIFIER（増幅），NEGATION（否定，負論理）の機能を表す論理機能記号があり，これらの組合せで論理動作が表現され，各種論理記号が生成される. 図 5.1（a）に MIL 論理機能記号を，図（b）に記号の記述推奨比率を示す.

論理ゲートは信号の電位が H か，L かの 2 値で動作する. MIL 論理記号では H レベルであることに論理動作として意味があるとき，これを H アクティブ（high active），

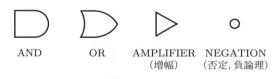

AND　　OR　　AMPLIFIER　NEGATION
　　　　　　　　（増幅）　　（否定, 負論理）

（a）論理機能記号

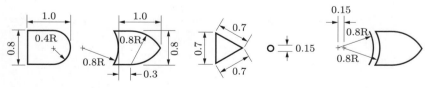

（b）記述推奨比率

図 5.1 MIL 論理機能記号

アクティブ H（active high）といい，これを正論理とし，L レベルであることに論理動作として意味があるとき，これを L アクティブ（low active），アクティブ L（active low）といい，これを負論理とする．負論理動作を表すには論理機能記号の NEGATION の○印を付け，正論理動作と区別する．

　本書では特別に断りのないかぎり，信号電位が H の状態を 1，L の状態を 0 とし，変数の肯定を 1，否定を 0 として記述する．

▌5.1.2 ▶ 論理記号と論理ゲート

　論理演算は図 5.1（a）の論理機能記号から，以下のように論理記号化される．

① $Y = AB$ ：A と B がともに 1 のとき出力 Y が 1 であるから，論理記号は AND 論理機能記号，正論理入力 A，正論理入力 B，正論理出力 Y より，表 5.1 の①と表される．ゲート名は AND ゲートである．

② $Y = A + B$：A または B のいずれか，またはともに 1 のとき出力が 1 であるから，論理記号は OR 論理機能記号，正論理入力 A，正論理入力 B，正論理出力 Y より，表 5.1 の②と表される．ゲート名は OR ゲートである．

③ $Y = \overline{A}$ ：A が 1 のとき出力 Y が 0 であるから，論理記号は正論理入力 A，AMPLIFIER と NEGATION 論理機能記号による負論理出力 Y より，表 5.1 の③と表される．ゲート名は NOT ゲートである．

　これらの AND ゲート，OR ゲート，NOT ゲートを基本論理ゲートまたは基本ゲートという．NOT ゲートはまた INVERTER とも呼ばれる．

④ $Y = \overline{AB}$ ：A と B がともに 1 のとき出力 Y が 0 であるから，論理記号は AND 論理機能記号，正論理入力 A，正論理入力 B，負論理出力 Y より，表 5.1 の④と表される．ゲート名は NAND ゲートである．なお，AND 演算の否定が NAND 演算であるから，図 5.2（a）に示すように AND ゲートの出力を NOT ゲートで否定した回路と NAND ゲートとは等価である．NAND ゲート記号は，AND 論理機能記号の出力に否定論理機能記号の○を付加したものとなる．

⑤ $Y = \overline{A + B}$：A または B のいずれか，またはともに 1 のとき出力が 0 であるから，論理記号は OR 論理機能記号，正論理入力 A，正論理入力 B，負論理出力 Y より，表 5.1 の⑤と表される．ゲート名は NOR ゲートである．なお，OR 演算の否定が NOR 演算であるから，図 5.2 の（b）に示すように OR ゲートの出力を NOT ゲートで否定した回路と NOR ゲートとは等価である．NOR ゲート記号は，OR 論理機能記

表5.1 論理ゲート

	論理式	論理機能記号	論理記号	ゲート名	真理値表
①	$Y = AB$	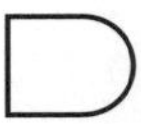	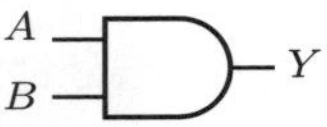 A, B → Y	AND ゲート	A B | Y 0 0 | 0 0 1 | 0 1 0 | 0 1 1 | 1
②	$Y = A + B$	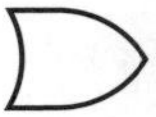	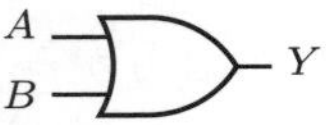 A, B → Y	OR ゲート	A B | Y 0 0 | 0 0 1 | 1 1 0 | 1 1 1 | 1
③	$Y = \overline{A}$	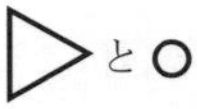 ▷ と ○	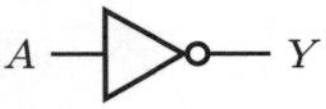 A → Y	NOT ゲート	A | Y 0 | 1 1 | 0
④	$Y = \overline{AB}$	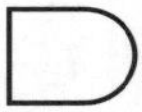	 A, B → Y	NAND ゲート	A B | Y 0 0 | 1 0 1 | 1 1 0 | 1 1 1 | 0
⑤	$Y = \overline{A + B}$	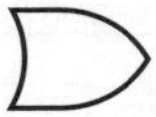	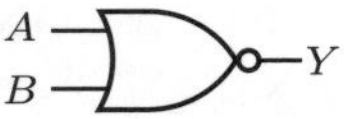 A, B → Y	NOR ゲート	A B | Y 0 0 | 1 0 1 | 0 1 0 | 0 1 1 | 0
⑥	$Y = A \oplus B$	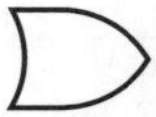	 A, B → Y	XOR ゲート	A B | Y 0 0 | 0 0 1 | 1 1 0 | 1 1 1 | 0
⑦	$Y = \overline{A \oplus B}$	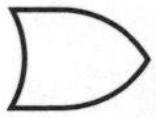	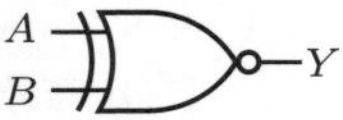 A, B → Y	XNOR ゲート	A B | Y 0 0 | 1 0 1 | 0 1 0 | 0 1 1 | 1

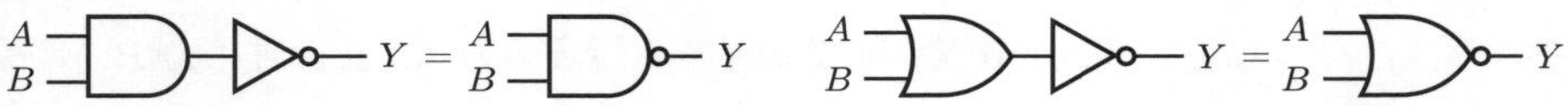

(a) NAND ゲート　　　　　　　　　(b) NOR ゲート

図5.2 NAND ゲート，NOR ゲート

号の出力に否定論理機能記号の○を付加したものとなる.

⑥ $Y = A \oplus B$：論理記号を表5.1の⑥に示す．ゲート名は XOR ゲートである.

⑦ $Y = \overline{A \oplus B}$：論理記号を表5.1の⑦に示す．ゲート名は XNOR ゲートである.

図5.3に，入力数が多い場合の論理記号の記述例を示す.

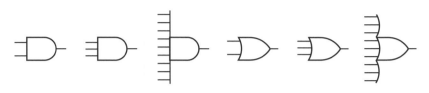

図5.3 多入力論理記号記述例

5.1.3 ▶ 論理ゲート回路の結線と論理ゲートの入出力特性

論理ゲートは多数の半導体スイッチ回路で構成された集積回路（integrated circuit: IC）である．図5.4 (a) に，プラスチックケースに封入した14ピン論理ICを上部から見た（トップビュー（top view））写真を，図 (b) に外観図を示す（ケースの外形寸法約 $19 \times 6 \times 4$ mm）．ICのピン番号は半円切り込みの左端下を1番として，反時計回りに割り振られている．図 (c) に4個の2入力 AND ゲートを一つのパッケージに封入した14ピン論理ICのピン接続の例を示す．A, B は入力，Yは出力である．7番ピンの GND（ground）を0 [V] 基準電位として，14番ピンの V_{CC} に +5 [V] を加えてICを駆動する．ICには機能に応じてピンの数が 14, 16, 18, 20 などさまざまなものがあり，250ピンを超えるものもある.

図5.5 (a) にスイッチ SW_1, SW_2 で入力が制御される CMOSIC による2入力 AND ゲートの接続例を示す．E は電源，R_L は負荷である．電源 E のマイナス側を GND ピンに接続し，これを回路の0 [V] 基準電位（アース電位）とする.

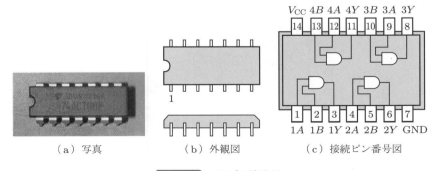

| （a）写真 | （b）外観図 | （c）接続ピン番号図 |

図5.4 14ピン論理IC

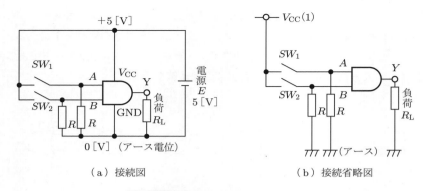

（a）接続図 （b）接続省略図

図 5.5 AND ゲート（CMOSIC）

回路図上では電源回路を省略し，1 の電位の必要な箇所には V_{CC} を，0 [V] 基準点にはアース記号を描くと回路が見やすくなる．図 5.5 （a）を簡素化した回路図を図（b）示す．

1 を入力するということは，GND と入力端子間に 1 の信号（+5 [V]）を印加することである．一方，0 を入力するということは GND と入力端子間に 0 の信号（0 [V]）を印加することであり，決して回路をオープン（入力回路がどこにも接続されない状態）にすることではない．SW が OFF で 0 を入力したいときには，図中に示すように入力端子と GND との間に抵抗 R（プルダウン抵抗）を挿入する．このようにすると，SW が OFF のとき入力端子には電圧が印加されていないから抵抗による電圧降下がなく，入力端子の電位が GND と同電位（アース電位）になり，0 を入力した状態になる．SW が ON になると，+5 [V] が抵抗の両端に印加され，入力端子に 1 が入力される．

図 5.6 に TTLIC の入出力電圧特性を示す．電源電圧は $V_{CC} = 5$ [V] である．論理ゲートの出力電位が，0.4 [V]（L レベル出力電圧（low level output voltage）V_{OL}）

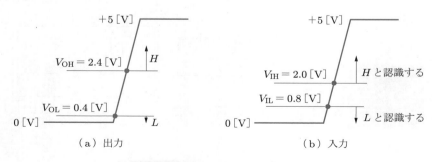

（a）出力 （b）入力

図 5.6 TTLIC の入出力電圧特性

以下を L，2.4［V］（H レベル出力電圧（high level output voltage）V_{OH}）以上を H とする．論理ゲートは，入力電位が 0.8［V］（L レベル入力電圧（low level input voltage）V_{IL}）以下なら L と認識し，2.0［V］（H レベル入力電圧（high level input voltage）V_{IH}）以上なら H と認識する．0.8 ～ 2.0［V］の間の入力電位は入力レベルの判定に誤りを起こす可能性があるため，入力信号は十分に H または L と認識できる電圧を入力しなければならない．$V_{OH} - V_{IH}$，$V_{IL} - V_{OL}$ を雑音余裕度（ノイズマージン）という．

補足

- **TTL**（transistor transistor logic）**IC**：TTLIC はトランジスタ（バイポーラトランジスタ）で構成された論理 IC である．入力側で電流の授受があり，入力抵抗が比較的低い．TTLIC には 74N …，74LS …，74AS …などの 74 シリーズがあり，高速動作である．
- **CMOS**（complementary metal oxide semiconductor）**IC**：CMOSIC はほとんど入力の電圧（電界）だけで動作する論理 IC である．入力抵抗が高いので電圧のみで多数の論理ゲートを駆動することができる．低消費電力であり，高集積化に向いている．CMOSIC には 74HC …，4000，5000 シリーズや VHC，VCX シリーズなどがあり，高速動作は TTLIC と同等もしくはそれを超えるまでになっている．低消費電力 IC としての特徴を生かして TTLIC と置き換えが進んでいる．
- **ファンアウト**（fan-out）：ファンアウトは論理ゲートの出力に負荷として接続できる論理ゲートの数をいう．たとえば，TTLIC の場合，出力が H のとき最大電流 400［μA］まで供給でき，L で 16［mA］までの電流の流入が可能であり，入力は H で 40［μA］の電流が流入し，L で 1.6［mA］の電流が流出する．TTLIC の出力に接続できる論理ゲート数は 400［μA］/40［μA］= 10，または 16［mA］/1.6［mA］= 10 となり，最大 10［個］までなら接続可能である．このことをファンアウトが 10 であるという．CMOSIC の場合は入力抵抗が高く，駆動電流を必要としないので，多数の CMOSIC を接続することができる．しかし，入力側にコンデンサ成分（≒ 5［pF］）が存在するので，多数接続による入力の動作時間遅れに注意する必要がある．

▌5.1.4▶ ダイオードによる簡単な AND ゲート，OR ゲート

論理ゲートは高速に，安定に動作するように多数の半導体素子で構成されているが，ダイオードの組合せのみで AND ゲートや OR ゲートを構成することができる．ここではダイオードで構成した AND ゲート，OR ゲートの基本論理動作を理解し，多数のダイオードで構成した AND ゲート，OR ゲートによるプログラム可能な論理集積回路（programmable logic array: PLA）については第 8 章で学ぶ．

ダイオードを D, 電源電圧を V_{CC}, 入力を A, B として, 入力に信号電圧 $E = V_{CC}$ が印加された状態を 1, アースと出力との間に V_{CC} の電圧が生じたら $Y = 1$ とする.

図 5.7 にダイオード D_1, D_2 による 2 入力 AND ゲートの動作を示す.

図 (a)：A と B がともに 1 のときのみ Y に 1 を出力し, その他の入力では 0 を出力するダイオードによる 2 入力 AND ゲートである.

図 (b)：$A = B = 1$ $(E = V_{CC})$ を入力すると, D_1, D_2 には入力側から電源電圧に対して逆の電圧 E が印加されたことになり, D_1, D_2 を不導通にし, 回路には電流が流れない. このため, 抵抗 R による電圧降下がなくて Y は V_{CC} の電位となり, $Y = 1$ が出力される.

図 (c)：$A = 0$, $B = 1$ を入力すると, D_2 は逆電圧が印加されて不導通になるが, D_1 には電源 V_{CC} からアース側に向かって電流が流れ, D_1 が導通状態になって D_1 の両端を 0 電位にする. このため, Y はアース電位と同電位 ($0\,[V]$) になり, $Y = 0$ を出力する.

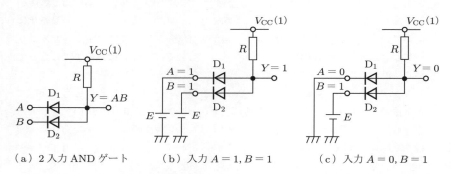

（a）2 入力 AND ゲート　　（b）入力 $A = 1, B = 1$　　（c）入力 $A = 0, B = 1$

図 5.7　ダイオードによる AND ゲート

図 5.8 にダイオード D_1, D_2 による 2 入力 OR ゲートの動作を示す.

図 (a)：A と B のいずれかが 1 のとき, またはともに 1 のときに Y に 1 を出力し, $A = B = 0$ の入力では 0 を出力するダイオードによる 2 入力 OR ゲートであ

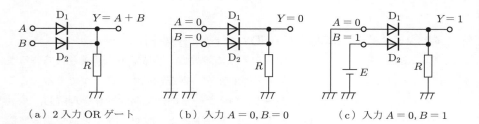

（a）2 入力 OR ゲート　　（b）入力 $A = 0, B = 0$　　（c）入力 $A = 0, B = 1$

図 5.8　ダイオードによる OR ゲート

　る.

図（b）：$A = B = 0$ なら抵抗 R に電流が流れないから，抵抗 R の両端に電圧が生じ
　　　　ず，Y はアース電位と同電位（0[V]）であり，$Y = 0$ を出力する.

図（c）：$B = 1$ を入力すると，E から電流がダイオード D_2 を通って抵抗 R に流れ，R
　　　　の両端に E の電圧が生じて $Y = 1$ を出力する.

5.2　論理式を論理記号で表す

　論理式を論理記号で記述するには，変数が肯定であれば正論理，否定であれば負論
理，その式が肯定ならばその出力は正論理，否定されていれば負論理としてそれぞれ
の演算に応じて論理記号化する．論理式の論理記号化は（　）内を優先し，・，＋の
順に行う．なお，負論理記号である○は否定も表すことから，必要に応じて NOT ゲー
トに置き換える.

例題 5.1

$Y = A\overline{B}$ を論理記号で示せ.

解

①演算が AND，A が肯定，B が否定であるから，論理機能が AND，A が正論理，
　B が負論理，出力 Y が正論理である.

②はじめに AND 論理機能記号を描く．入力 B のみが負論理であるから，B の入
　力に負論理機能記号○を描く.

③順次記号化すると，図 5.9（a）の論理記号が得られる．図（a）の負論理入力
　を NOT ゲートで置き換えると，図（b）となる.

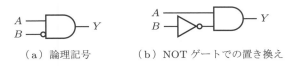

（a）論理記号　　　　（b）NOT ゲートでの置き換え

図 5.9　$Y = A\overline{B}$ の論理記号

例題 5.2

$Y = \overline{\overline{A} + \overline{B}}$ を論理記号で示せ.

解

①演算が OR，A，B が否定であるから，論理機能が OR，A，B ともに負論理，
　$(\overline{A} + \overline{B})$ の全体が否定されているから出力 Y も負論理である.

②はじめに OR 論理機能記号を描く．入力 A，B，出力ともに負論理であるから，
　入力 A，B と出力側に負論理機能記号○を描く.

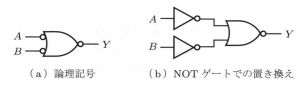

（a）論理記号 （b）NOT ゲートでの置き換え

図5.10 $Y = \overline{\overline{A} + \overline{B}}$ の論理記号

③順次記号化すると，図 5.10（a）の論理記号が得られる．図（a）の負論理入力
を NOT ゲートで置き換えると，図（b）となる．

例題 5.3

$Y = \overline{A}$ を論理記号で示せ．

解

この場合，論理式の意味から 2 通りの論理記号が描ける．
① $A = 0$ のとき $Y = 1$ である場合：入力 A が負論理で出力 Y が正論理であるか
ら，負論理機能記号と増幅機能記号（AMPLIFIER）から図 5.11（a）の論理
記号が得られる．
② $A = 1$ のとき $Y = 0$ である場合：入力 A が正論理で出力 Y が負論理であるか
ら，増幅機能記号と負論理機能記号とから図（b）の論理記号が得られる．
　図（a），（b）はいずれも同一の論理演算を行う論理記号であるが，$Y = \overline{A}$ に
対する NOT ゲート記号としては一般的に図（b）が使用される．しかし，6.4
節で述べる論理の整合性を考慮すると回路図内には両記号が混在する．

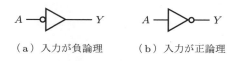

（a）入力が負論理 （b）入力が正論理

図5.11 NOT 論理記号

例題 5.4

$Y = A\overline{B} + \overline{A}B (= A \oplus B)$ を論理回路で示せ．

解

① AND 演算である $A\overline{B}$，$\overline{A}B$ を先に論理記号化し，次にこれらの出力の OR 演
算を論理記号化する．
②入力 A，B のラインを図 5.12（a）のように描く．
③ $A\overline{B}$，$\overline{A}B$ を【例題 5.1】にならって論理記号化する．
④ $A\overline{B}$，$\overline{A}B$ のそれぞれの出力を入力とする OR 論理機能記号を描き，出力側を
正論理 Y とする．
⑤図（b）の論理回路が得られる．図（b）の負論理入力を NOT ゲートで置き換
え，信号ラインに追加すると図（c）のように描くことができる．

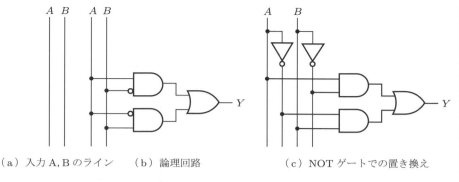

（a）入力 A, B のライン　　（b）論理回路　　　　　　　（c）NOT ゲートでの置き換え

図 5.12　$Y = A\overline{B} + \overline{A}B$ の論理回路

例題 5.5　$Y = (A + B)(\overline{A} + \overline{B})$ を論理回路で示せ．

解

① $(A + B)$，$(\overline{A} + \overline{B})$ を先に論理記号化し，次にこれらの出力の AND 演算を論理記号化する．出力 Y は正論理である．

②図 5.13（a）または図（b）の論理回路が得られる．

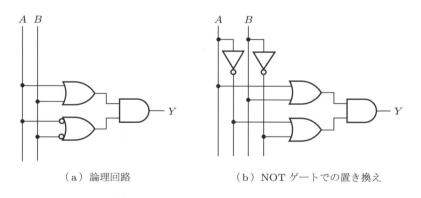

（a）論理回路　　　　　　　（b）NOT ゲートでの置き換え

図 5.13　$Y = (A + B)(\overline{A} + \overline{B})$ の論理回路

5.3　論理記号から真理値表，論理式を求める

5.3.1　論理記号から真理値表を求める

論理記号は論理動作を明確に表現しているから，逆に論理記号から真理値表や論理式が簡単に導き出せる．

論理記号から真理値表を作成するには，論理が正論理なら 1，負論理なら 0 として，

出力側から順に，出力の論理→論理機能→入力の論理を読み取って真理値表に記入する．なお，入力が1でも0でもかまわない状態を don't care（ドントケア）といい，x で表して欄外に x : don't care と記す．

例題 5.6　図5.14の論理記号の真理値表を求めよ．

出力側から求める

←

A —⌐⌐
B —⌐⌐— Y

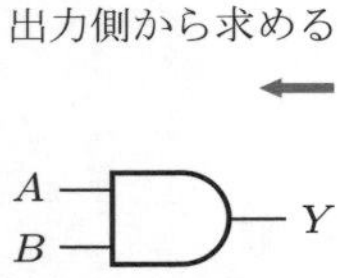

図 5.14　論理記号

解　①入力が A, B，出力が Y であるから，2入力1出力の真理値表の枠を作成する（表5.2（a））．

②論理記号を出力側から読み取る．

(1) 出力 Y が正論理であるから Y 欄に1を記入する．

(2) $Y = 1$ になるのは論理機能が AND で入力 A, B がともに正論理であるから，$A = B = 1$ のときのみである．したがって，入力欄の A に1，B に1を記入する．

(3) その他の入力に対して Y は0であるから，出力欄に0を記入し，入力欄にその他と書く．

③表（b）の真理値表が得られる．

表 5.2　真理値表

	(a)			(b)	
A	B	Y	A	B	Y
			1	1	1
			その他		0

例題 5.7　図5.15の論理記号の真理値表を求めよ．

出力側から求める

←

A —○⌐
B —⌐⌐○— Y

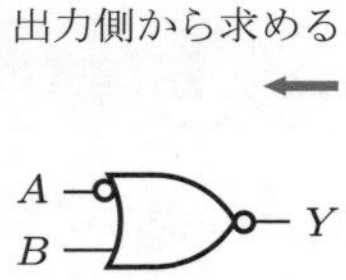

図 5.15　論理記号

解

①入力が A，B，出力が Y であるから，2 入力 1 出力の真理値表の枠を作成する（表5.3（a））．

②論理記号を出力側から読み取る．

(1) 出力 Y は負論理，論理機能は OR，入力 A は負論理，B は正論理であるから，$Y=0$ になるのは $A=0$ のときか $B=1$ のときである．

(2) Y 欄に 0 を記入する．
　$A=0$ のとき，B は 0 でも 1 でもよいから don't care である．したがって，入力欄の A に 0，B に x を記入する．

(3) さらに，次の Y 欄に 0 を記入する．
　$B=1$ のとき，A は 0 でも 1 でもよいから don't care である．したがって，入力欄の B に 1，A に x を記入する．

(4) その他の入力に対して Y は 1 であるから，出力欄に 1 を記入し，入力欄にその他と書く．

③表（b）の真理値表が得られる．真理値表の欄外に x：don't care と明示する．

表5.3 真理値表

(a)

A	B	Y

(b)

A	B	Y
0	x	0
x	1	0
その他		1

x：don't care

例題 5.8 図5.16 の論理回路の真理値表を求めよ．

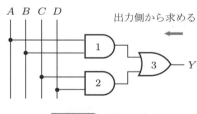

出力側から求める

図5.16 論理回路

解

①入力が A，B，C，D，出力が Y であるから，4 入力 1 出力の真理値表の枠を作成する．

②論理記号を出力側から読み取る．

(1) $Y=1$ になるのは，論理記号 3 の論理機能が OR であるから，論理記号 1 の出力が 1 か論理記号 2 の出力が 1 のいずれかのときである．

(2) Y 欄に 1 を記入する.

　　論理記号 1 の出力が 1 になるのは,論理機能が AND で入力 A,B がともに正論理であるから,$A = B = 1$ のときである.したがって,入力欄の A,B に 1 を記入する.そのときの C,D は 0 でも 1 でもよいから,それぞれに don't care の x を記入する.

(3) さらに,次の Y 欄に 1 を記入する.

　　論理記号 2 の出力が 1 になるのは,論理機能が AND で入力 C,D がともに正論理であるから,$C = D = 1$ のときである.したがって,入力欄の C,D に 1 を記入する.そのときの A,B は 0 でも 1 でもよいから,それぞれに don't care の x を記入する.

(4) その他の入力に対して Y は 0 であるから,出力欄に 0 を記入し,入力欄にその他と書く.

③表 5.4 の真理値表が得られる.真理値表の欄外に x:don't care を明示する.

表5.4　真理値表

A	B	C	D	Y
1	1	x	x	1
x	x	1	1	1
その他				0

x:don't care

┃5.3.2▶ 論理記号から論理式を求める

　論理記号から論理式を求めるには,正論理を肯定,負論理を否定として,入力側から順に,入力の論理→論理機能→出力の論理を読み取り,論理式に置き換える.

例題
5.9
図 5.17 の論理記号の論理式を求めよ.

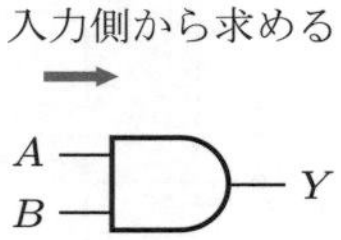

入力側から求める

図5.17　論理記号

解
①論理記号を入力側から読み取る.
②入力 A,B が正論理,論理機能が AND,出力 Y が正論理であるから,論理式は $Y = AB$ である.

| 例題 5.10 | 図 5.18 の論理回路の論理式を求めよ. |

入力側から求める
→

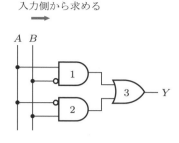

図 5.18　論理回路

| 解 |

①論理回路を入力側から読み取る.

② (1) 論理記号 1：入力 A が正論理，B が負論理で，論理機能が AND，出力が正論理であるから，出力の論理式は $A\overline{B}$ である.

(2) 論理記号 2：入力 A が負論理，B が正論理で，論理機能が AND，出力が正論理であるから，出力の論理式は $\overline{A}B$ である.

(3) 論理記号 3：論理機能が OR であるから，論理記号 1 と論理記号 2 の出力の OR の結果として，次式が得られる.

$$Y = A\overline{B} + \overline{A}B$$

③各論理記号の出力側に論理式を記入した図を，図 5.19 に示す.

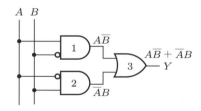

図 5.19　論理回路と論理式

演習問題

5.1　基本論理ゲートを MIL 論理記号で表示して動作を説明せよ.

5.2　正論理，負論理について説明せよ.

5.3　基本論理ゲートの論理記号と論理式および真理値表を記せ.

5.4　NAND ゲート，NOR ゲートの論理記号と論理式および真理値表を記せ.

5.5 XOR ゲートの論理記号と論理式および真理値表を記せ.

5.6 TTLIC の 1, 0 を認識する入力電位について述べよ.

5.7 ダイオードによる AND ゲート, OR ゲートを記し, 動作を説明せよ.

5.8 次の論理式を論理記号で示せ.

    (1) $Y = AB$ (2) $Y = A + B$ (3) $Y = \overline{AB}$ (4) $Y = \overline{A + B}$

    (5) $Y = AB + CD$ (6) $Y = (A + B)(C + D)$

    (7) $Y = \overline{A}BC + A\overline{B}C + AB\overline{C} + ABC$

5.9 $Y = A \oplus B$ は, $Y = A \oplus B = A\overline{B} + \overline{A}B = A(\overline{A} + \overline{B}) + B(\overline{A} + \overline{B})$ のように変形できる. $Y = A(\overline{A} + \overline{B}) + B(\overline{A} + \overline{B})$ を論理回路で示せ.

5.10 図 5.20 の論理記号から真理値表と論理式を求めよ.

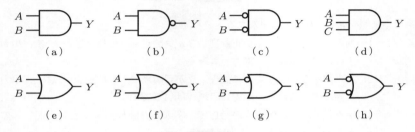

    (a)   (b)   (c)   (d)

    (e)   (f)   (g)   (h)

図 5.20

5.11 図 5.21 の論理記号から真理値表を求めよ.

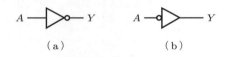

    (a)   (b)

図 5.21

5.12 図 5.22 の論理記号から入力 A, B に対する出力 Y の変化の様子を図で示せ. このような図をタイムチャートという. ただし, 図中 Y の 1 のレベルは適当に設定すること.

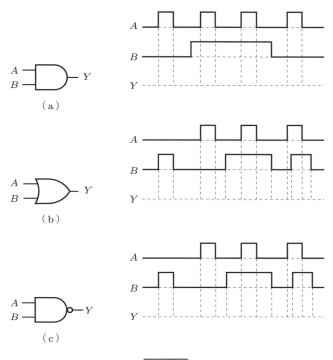

図 5.22

5.13 図 5.23 の論理回路から真理値表と論理式を求めよ.

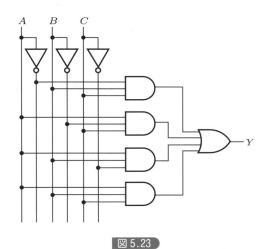

図 5.23

6 論理記号変換

　ド・モルガンの定理は AND 演算と OR 演算の等価な関係を示した重要な定理である．この章では，ド・モルガンの定理から導かれる論理記号のAND ⇄ OR 論理機能変換方法や，論理回路の動作を理解しやすくするための論理整合について学ぶ．

6.1　AND ⇄ OR 論理機能変換と論理記号

　ド・モルガンの定理

$$\overline{A + B} = \overline{A}\,\overline{B}$$
$$\overline{AB} = \overline{A} + \overline{B}$$

は AND 演算と OR 演算の等価な関係を示しており，AND ⇄ OR 論理機能変換にとって重要な関係式である（3.2.2 項⑤参照）．これらの左辺と右辺の論理式を 5.2 節に従って論理記号化すると，図 6.1 になる．ド・モルガンの定理は，これら二つの論理記号が等価であることを示している．

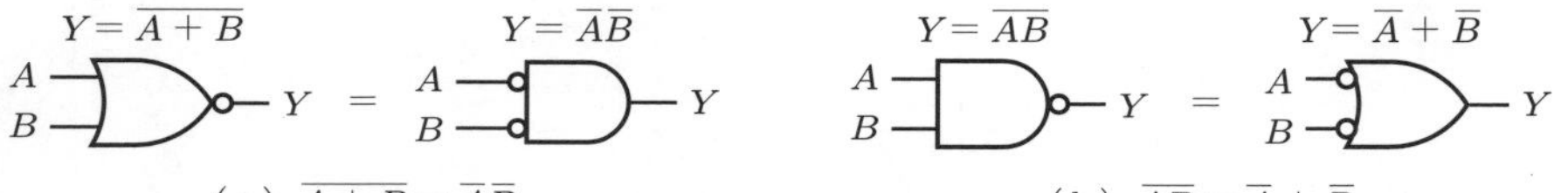

（a）$\overline{A + B} = \overline{A}\overline{B}$　　　　（b）$\overline{AB} = \overline{A} + \overline{B}$

図 6.1　ド・モルガンの定理の論理記号化

　両辺の論理記号の関係は以下のようになる．

　図 6.1（a）は左辺の OR 論理機能記号を AND 論理機能記号に変換し，入力 A，B の正論理を負論理に，出力 Y の負論理を正論理に変換することにより，右辺の論理記号が得られる．図（b）は左辺の AND 論理機能記号を OR 論理機能記号に変換し，入力 A，B の正論理を負論理に，出力 Y の負論理を正論理に変換することにより，右辺の論理記号が得られる．

　これらの関係は，正論理と負論理，AND 論理機能と OR 論理機能をそれぞれ逆の論理とすると，一方の論理記号のすべてを逆に変換することにより，AND ⇄ OR 論

理機能変換した等価な論理記号が簡単に得られることを示している.

例題 6.1　図6.2の論理記号をOR論理機能に変換せよ. また, それらの真理値表を5.3.1項に従って作成し, 両論理記号が同一論理演算を行うことを示せ.

図6.2　論理記号

解

① 論理記号変換

　　AND論理機能記号をOR論理機能記号に変換し, 入力の正論理を負論理に, 出力の負論理を正論理に変換する. 新たな論理記号として図6.3 (a) が得られる.

② 図6.2の真理値表を求める

　　論理記号を出力側から入力側へ読み取って, 真理値表を求める. $Y = 0$になるのは, 論理機能がANDだから, $A = B = 1$のときである. その他の入力では$Y = 1$である. 図6.3 (b) の真理値表が得られる.

③ 図6.3 (a) の真理値表を求める

　　論理記号を出力側から入力側へ読み取って, 真理値表を求める. $Y = 1$になるのは, 論理機能がORだから, $A = 0$または$B = 0$のときである. その他の入力では$Y = 0$である. 図 (c) の真理値表が得られる.

④ 図6.3 (b), (c) の二つの真理値表を一つにまとめると, 図 (d) となる. 領域Ⅰが図 (c), 領域Ⅱが図 (b) を表しており, 両者が同一真理値表上で動作し, 同一論理演算を行っていることがわかる.

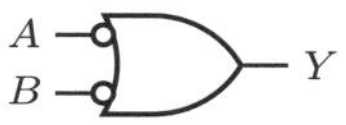

A	B	Y
1	1	0
その他		1

A	B	Y
0	x	1
x	0	1
その他		0
	x : don't care	

	A	B	Y
Ⅰ	0	0	1
	0	1	1
	1	0	1
Ⅱ	1	1	0

(a) NAND論理機能記号の　　(b) NAND論理記　　(c) 論理機能記号変　　(d) まとめた真理値表
　　OR論理機能記号変換　　　 号の真理値表　　　 換後の真理値表

図6.3　論理機能変換と真理値表

　図6.3 (d) に示した真理値表と論理記号との関係は, 真理値表の$Y = 1$になる領域Ⅰに着目して得られた論理記号が図 (a) であり, $Y = 0$になる領域Ⅱに着目して得られた論理記号が図6.2である. このように, 同一真理値表で表される論理記号には, AND論理機能とOR論理機能の二つの論理記号が存在する.

6.2 NAND ゲート，NOR ゲートによる NOT 回路

NAND や NOR はそれだけですべての論理式が構成できることをすでに 3.6 節で学んだ．ここでは，そのなかの NOT 演算に着目し，NOT 回路として使用するための回路構成について学ぶ．

論理回路の設計において NOT ゲートが必要なとき，新たに NOT ゲート IC を搭載するより，隣接する論理 IC を代用したい場合がある．このために，NOT 回路としてほかの論理ゲートを転用できることは有用なことである．

以下に，各種論理ゲートが NOT 回路として使用できるかどうかを記す．

- NAND ゲート：$Y = \overline{AB} = \overline{A \cdot 1} = \overline{A}$ となるように，一方の入力 B を 1 に固定して他方を入力とすると，$Y = \overline{A}$ が得られる．
- NAND ゲート：$Y = \overline{AB} = \overline{AA} = \overline{A}$ となるように入力同士を接続し，それを入力とすると，$Y = \overline{A}$ が得られる．
- NOR ゲート　：$Y = \overline{A + B} = \overline{A + 0} = \overline{A}$ となるように，一方の入力 B を 0 に固定して他方を入力とすると，$Y = \overline{A}$ が得られる．
- NOR ゲート　：$Y = \overline{A + B} = \overline{A + A} = \overline{A}$ となるように入力同士を接続し，それを入力とすると $Y = \overline{A}$ が得られる．

NOT 回路の代わりとして使用できるのは，NAND ゲートと NOR ゲートである．図 6.4 に，真理値表から NOT 回路として使用するための入出力の関係，次にそれを

A	B	Y
0	0	1
0	1	1
1	0	1
1	1	0

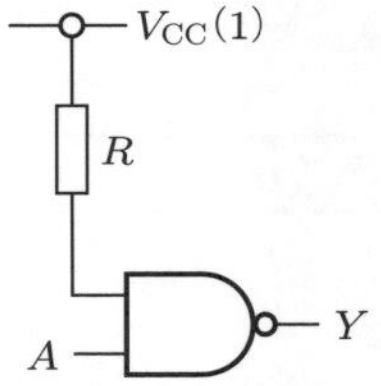

（a）NAND ゲートによる NOT 回路

A	B	Y
0	0	1
0	1	1
1	0	1
1	1	0

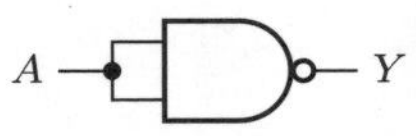

（b）NAND ゲートによる NOT 回路

A	B	Y
0	0	1
0	1	0
1	0	0
1	1	0

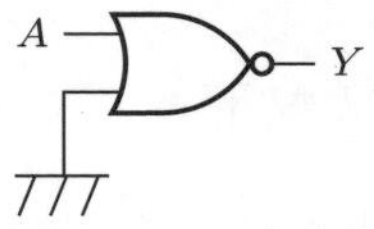

（c）NOR ゲートによる NOT 回路

A	B	Y
0	0	1
0	1	0
1	0	0
1	1	0

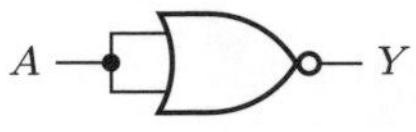

（d）NOR ゲートによる NOT 回路

図6.4 NAND ゲート，NOR ゲートによる NOT 回路

使って構成した論理回路を示す．真理値表内の □ は NOT 演算として使用する入出力関係である．入力を 1 に固定することをプルアップ（pull-up）といい，この抵抗をプルアップ抵抗という．

6.3 NAND ゲート，NOR ゲートによる AND 回路，OR 回路

●AND 回路を NAND ゲートで構成する（図6.5）．

① AND ゲートの否定が NAND ゲートであるから，NAND ゲートの出力を NOT ゲートで否定すると AND ゲートと等価になる．

② NOT ゲートを図 6.4（b）に従って NAND ゲートで置き換える．

③入力側から論理を読み取って論理式を求める．論理回路から求めた論理式は，この論理回路構成が AND ゲートと等価であることを示している．

●OR 回路を NOR ゲートで構成する（図6.6）．

① OR ゲートの否定が NOR ゲートであるから，NOR ゲートの出力を NOT ゲートで否定すると OR ゲートと等価になる．

② NOT ゲートを図 6.4（d）に従って NOR ゲートで置き換える．

③入力側から論理を読み取って論理式を求める．論理回路から求めた論理式は，この論理回路構成が OR ゲートと等価であることを示している．

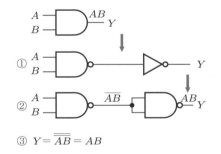

③ $Y = \overline{\overline{AB}} = AB$

図6.5 NAND ゲートで構成した AND 回路

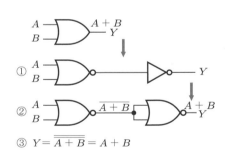

③ $Y = \overline{\overline{A+B}} = A+B$

図6.6 NOR ゲートで構成した OR 回路

●AND 回路を NOR ゲートで構成する（図6.7）．

① AND の論理機能を OR 論理機能に変換し，論理記号変換する（6.1 節参照）．

②負論理入力を NOT ゲートで置き換える．

③ NOT ゲートを図 6.4（d）に従って NOR ゲートで置き換える．

④入力側から論理を読み取って論理式を求める．論理回路から求めた論理式は，この論理回路構成が AND ゲートと等価であることを示している．

●OR 回路を NAND ゲートで構成する（図6.8）.

① OR の論理機能を AND 論理機能に変換し，論理記号変換する（6.1節参照）.

②負論理入力を NOT ゲートで置き換える.

③ NOT ゲートを図6.4（b）に従って NAND ゲートで置き換える.

④入力側から論理を読み取って論理式を求める. 論理回路から求めた論理式は，この回路構成が OR ゲートと等価であることを示している.

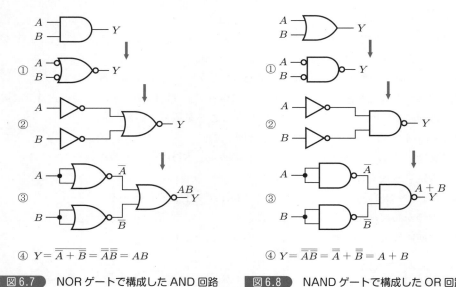

④ $Y = \overline{\overline{A} + \overline{B}} = \overline{\overline{A}}\,\overline{\overline{B}} = AB$ 　　　　④ $Y = \overline{\overline{AB}} = \overline{\overline{A}} + \overline{\overline{B}} = A + B$

図6.7 NOR ゲートで構成した AND 回路　　**図6.8** NAND ゲートで構成した OR 回路

例題 6.2 図6.9の論理記号を NAND ゲートのみで構成せよ.

図6.9 論理記号

解 ① OR 論理機能を AND 論理機能に変換し，論理記号変換する（6.1節参照）.

②負論理入力を NAND ゲートによる NOT 回路に置き換える.

③ AND ゲートを NAND ゲートと NAND ゲートによる NOT 回路に置き換える.

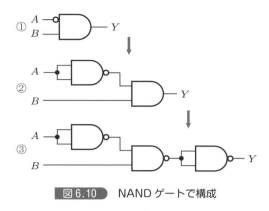

図 6.10 NAND ゲートで構成

NAND ゲートや NOR ゲートはそれだけで完全系をなすので（3.6 節参照），論理回路を NAND ゲートや NOR ゲートで置き換えることができる．このため，これらのゲートは論理回路によく使用される．

6.4 論理の整合

図 6.11（a），（b）の回路は同一の論理動作をする．図（a）の論理回路の動作を出力 Y 側から読むと，出力 Y が 1 になるのは論理記号 2 のどちらかの入力が 1 であればよく，論理記号 1 の出力が 1 になるのは…？　となり，回路が読みにくい．これは論理記号 1 の出力が負論理で，それを受ける論理記号 2 の入力が正論理だから，回路が読みにくくなっている．これを論理の不整合という．そこで，図（b）に示すように，論理記号 2 の入力が負論理になるように論理記号 2 を OR → AND 変換した論理記号に変換する．このようにすると，論理記号 2 の入力が 0 になるのは論理記号 1 の出力が 0 のときであるから，入力 A，B が同時に 1 のときと読める．つまり，適時，論理記号変換を行い，論理記号間の論理を整合すると，回路が読みやすくなる．これを論

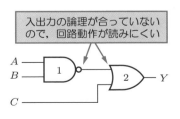

（a）論理の不整合な論理回路

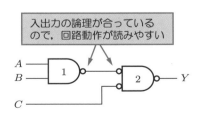

（b）論理整合した論理回路

図 6.11 同一の論理動作をする論理回路

理の整合という．回路の記述においては，なるべく論理の整合を図ると回路の検証が容易になる．なお，○─○は二重否定となるから両端の負論理記号を取り払ってもよい．

例題 6.3

図 6.12 の回路動作が読みやすいように論理の整合を行え．

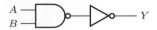

図 6.12 　論理の不整合な論理回路

解

①入力が負論理の NOT 記号に変換する．

②図 6.13 が得られる．Y が 1 になるのは NOT ゲートの入力が 0 のときで，それが 0 になるのは入力 A, B が同時に 1 のとき，と回路動作が読める．

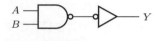

図 6.13 　論理の整合

演習問題

6.1 図 6.14 の論理記号の真理値表，およびこの論理記号を AND ⇄ OR 変換した論理記号と真理値表を求めよ．またそれぞれの論理式を示せ．

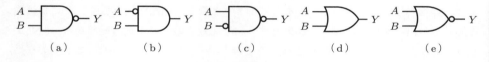

図 6.14

6.2 NAND ゲートを NOT 回路として使用したい．NAND ゲートの真理値表を作成し，NOT 回路として使用できる 2 通りの入出力領域を示し，回路を構成せよ．

6.3 図 6.15 をすべて NAND ゲートで構成せよ．

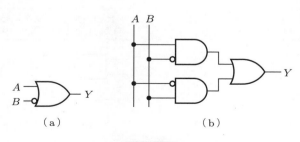

図 6.15

6.4 図 6.16 は【演習問題 5.9】で求めた XOR の回路である．これを NAND ゲートで構成せよ．

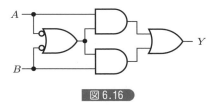

図 6.16

6.5 図 6.17 のように結線すると，3 入力ゲートが 2 入力ゲートとして使用できることを論理式で示せ．

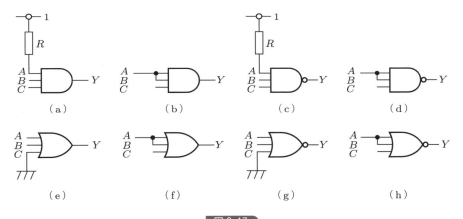

図 6.17

7 組合せ論理回路

以前の回路状態に左右されず，いまの入力状態のみによって出力が決定される論理回路を組合せ論理回路（combinational logic circuit）という。
組合せ論理回路は信号の入出力を制御する回路や加算器など多種多様である。この章では，これまでに学んだ論理回路を応用して，信号の入出力を制御する回路や加算器，減算器などの論理回路を学ぶ。

7.1 マルチプレクサ

多数の入力信号線のうちから，特定の信号線を選択して信号を出力する選択スイッチ回路をマルチプレクサ（multiplexer）という。図 7.1（a）に信号 $D_0 \sim D_3$ のいずれかを切り換えスイッチで選択して，Y に出力するマルチプレクサの概念図を示す。選択信号 A，B によって入力信号を選択して出力する 4 入力マルチプレクサの真理値表は図（b）のように表される。選択信号 A，B によって，Y には（0 0）で D_0，（0 1）で D_1，（1 0）で D_2，（1 1）で D_3 の信号が出力される。

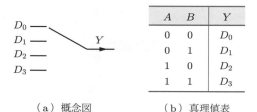

A	B	Y
0	0	D_0
0	1	D_1
1	0	D_2
1	1	D_3

（a）概念図　　　　（b）真理値表

図 7.1　4 入力マルチプレクサ（Y の矢印は出力の方向）

選択信号（00）で D_0 が選択されると，$D_0 = 1$ のときのみ $Y = 1$ になる。選択されなかったその他の出力はすべて 0 である。選択された入力信号が 1 のときのみ $Y = 1$ であることに着目すると，図 7.1（b）を図 7.2（a）のように書き換えることができる。図 7.2（a）の真理値表から論理式を主加法標準形で求めると，次式が得られる。

$$Y = \overline{A}\,\overline{B}D_0 + \overline{A}BD_1 + A\overline{B}D_2 + ABD_3$$

この論理式から得られた 4 入力マルチプレクサの論理回路を図（b）に示す。

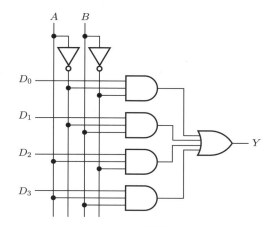

A	B	D	Y
0	0	D_0	1
0	1	D_1	1
1	0	D_2	1
1	1	D_3	1

（a）真理値表の書き換え　　　　　　　　（b）論理回路

図7.2　4入力マルチプレクサ

例題 7.1 図7.3の選択スイッチ回路を論理回路で構成したい．入力信号を D_0, D_1, 出力を Y とし，D_0, D_1 が選択信号 C で切り換えられる．$C = 0$ で D_0 が，$C = 1$ で D_1 が Y に出力される．常に入力のいずれか一つが選択されるとして，真理値表を作成し，論理式を求めて論理回路を構成せよ．

図7.3　2入力マルチプレクサの概念図（Y の矢印は出力の方向）

解 ① $C = 0$ のとき Y に D_0 を，$C = 1$ のとき Y に D_1 を出力する2入力マルチプレクサの真理値表を作成する．

② 図7.4（a）の真理値表が得られる．

③ C で入力信号の一方が選択され，信号が1のとき出力が1になるから，図（a）を図（b）のように書き換える．

④ 図（b）の真理値表から主加法標準形で論理式を求めると，次式となる．

$$Y = \overline{C}D_0 + CD_1$$

⑤ 論理式から図（c）の論理回路が得られる．

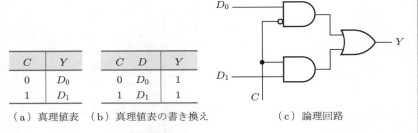

C	Y
0	D_0
1	D_1

C	D	Y
0	D_0	1
1	D_1	1

（a）真理値表　　（b）真理値表の書き換え　　　　　　　（c）論理回路

図7.4　2入力マルチプレクサ

7.2　デマルチプレクサ

　信号を特定の信号線に出力する選択スイッチ回路をデマルチプレクサ（demulti-plexer）という．4選択デマルチプレクサの概念図を図7.5（a）に示す．入力信号 D_0 を切り換えスイッチで選択して $Y_0 \sim Y_3$ に出力する．4選択デマルチプレクサの真理値表は図（b）のように表される．選択信号 A, B によって，入力信号 D_0 の出力先が $(0\ 0)$ で Y_0, $(0\ 1)$ で Y_1, $(1\ 0)$ で Y_2, $(1\ 1)$ で Y_3 に選択される．

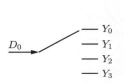

A	B	Y_0	Y_1	Y_2	Y_3
0	0	D_0	0	0	0
0	1	0	D_0	0	0
1	0	0	0	D_0	0
1	1	0	0	0	D_0

（a）概念図（D_0 の矢印は入力の方向）　　　　　　　（b）真理値表

図7.5　4選択デマルチプレクサ

　選択された出力は $D_0 = 1$ のとき1になるから，図7.5（b）の真理値表を図7.6（a）のように書き換えて，主加法標準形で各出力の論理式を求めると，次式となる．

$$Y_0 = \overline{A}\,\overline{B}D_0,\ \ Y_1 = \overline{A}BD_0,\ \ Y_2 = A\overline{B}D_0,\ \ Y_3 = ABD_0$$

これらの論理式から得られた4選択デマルチプレクサの論理回路を図（b）に示す．

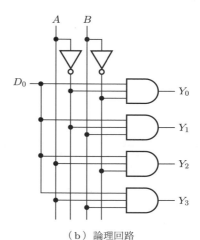

A	B	D	Y_0	Y_1	Y_2	Y_3
0	0	D_0	1	0	0	0
0	1	D_0	0	1	0	0
1	0	D_0	0	0	1	0
1	1	D_0	0	0	0	1

（a）真理値表の書き換え　　　　　　　（b）論理回路

図 7.6 4 選択デマルチプレクサ

例題 7.2　図 7.7 の選択スイッチを論理回路で構成したい．入力信号を D_0，出力を Y_0，Y_1 とし，D_0 が選択信号 $C = 0$ で Y_0 に，$C = 1$ で Y_1 に切り換えられて出力される．真理値表を作成し，論理式を求めて論理回路を構成せよ．

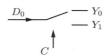

図 7.7　2 選択デマルチプレクサの概念図（D_0 の矢印は入力の方向）

解　①$C = 0$ のとき Y_0 に D_0 を，$C = 1$ のとき Y_1 に D_0 を出力するデマルチプレクサの真理値表を作成する．
②図 7.8（a）の真理値表が得られる．

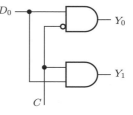

C	Y_0	Y_1
0	D_0	0
1	0	D_0

C	D	Y_0	Y_1
0	D_0	1	0
1	D_0	0	1

（a）真理値表　　　（b）真理値表の書き換え　　　（c）論理回路

図 7.8　2 選択デマルチプレクサ

③ D_0 が1のとき出力が1になるから，図（a）を図（b）のように書き換える．

④図（b）の真理値表から主加法標準形で論理式を求めると，次式が得られる．

$$Y_0 = \overline{C}D_0, \quad Y_1 = CD_0$$

⑤論理式から図（c）の論理回路が得られる．

7.3 エンコーダとデコーダ

ある入力を特定の符号に変換する回路をエンコーダ（encoder）といい，ある入力を解読して出力の一つを指定する回路をデコーダ（decoder）という．

表7.1（a）は入力 $Y_0 \sim Y_3$ の一つを2桁の符号に変換するエンコーダの真理値表であり，表（b）は2桁の符号の一つから出力 $Y_0 \sim Y_3$ の一つを指定するデコーダの真理値表である．同時に複数の入力が選択されたとき選択優先順位を付けたエンコーダをプライオリティエンコーダ（priority encoder）という．

表 7.1　真理値表

(a) エンコーダ

Y_0	Y_1	Y_2	Y_3	A	B
1	0	0	0	0	0
0	1	0	0	0	1
0	0	1	0	1	0
0	0	0	1	1	1

(b) デコーダ

A	B	Y_0	Y_1	Y_2	Y_3
0	0	1	0	0	0
0	1	0	1	0	0
1	0	0	0	1	0
1	1	0	0	0	1

例題 7.3 表7.1（a）のエンコーダの真理値表から，入力 $Y_0 \sim Y_3$ の選択で2桁の符号を生成する論理式を求めて回路を構成せよ．ただし，常に入力のいずれか一つが選択される．

解 ①出力 A，B が1になる入力と常に入力の一つが選択されることに着目して，表（a）の真理値表から論理式を求めると次式が得られる．

$$A = Y_2 + Y_3, \quad B = Y_1 + Y_3$$

②論理式から図7.9の論理回路が得られる．

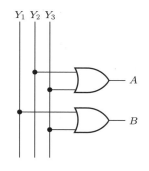

Y_1 Y_2 Y_3

A

B

図7.9 エンコーダの論理回路

例題 7.4

2進数（0 0），（0 1），（1 0），（1 1）を入力すると，10進数に対応した10進数表示のランプ⊗０，⊗１，⊗２，⊗３が点灯する回路を構成せよ．ただし，常に入力のいずれか一つが選択される．なお，ランプは10［mA］で点灯する．論理ゲートの出力は1の状態で最大400［μA］の電流が供給でき，0の状態で最大16［mA］の電流の流れ込みが可能である（5.1.3項の補足参照）．

解

① 2進数（0 0），（0 1），（1 0），（1 1）に対応した入力 A，B と10進数0，1，2，3に対応した出力 Y_0，Y_1，Y_2，Y_3 の真理値表を作成する．

② 表7.1（b）の真理値表が得られる．

③ 表7.1（b）の真理値表から論理式を求めると，次式が得られる．

$$Y_0 = \overline{A}\,\overline{B}, \quad Y_1 = \overline{A}B, \quad Y_2 = A\overline{B}, \quad Y_3 = AB$$

　ランプの点灯には10［mA］の電流が必要であるから，論理ゲートが1の状態ではランプを点灯させることができない．そこで，上式の出力をNOTゲートで否定するかANDゲートを否定したNANDゲートに変換し，論理ゲートの出力への電流の流れ込みでランプを点灯させる．

④ ランプを点灯させる論理回路を図7.10に示す．

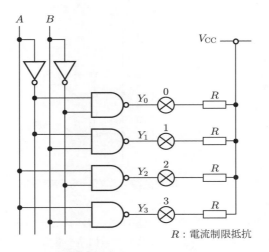

図 7.10 デコーダの論理回路

7.4 加算器

A と B の数を加算する回路を加算器（adder）という．加算によるその桁の和を S（sum），桁上げ（繰り上げ）を C（carry）とすると，2 進数 1 桁の加算は図 7.11 のように演算される．この場合の＋は算術加算記号である．加算の和が 2 になると桁上げ $C_0 = 1$ が生じ，その桁の和が $S_0 = 0$ で演算結果は $(\overset{\text{イチゼロ}}{1\,0})_2$ となる．

$$
\begin{array}{r}
0 \\
+\ \ 0 \\
\hline
0
\end{array}
\qquad
\begin{array}{r}
0 \\
+\ \ 1 \\
\hline
1
\end{array}
\qquad
\begin{array}{r}
1 \\
+\ \ 0 \\
\hline
1
\end{array}
\qquad
\begin{array}{r}
1 \\
+\ \ 1 \\
\hline
1\ \ 0
\end{array}
$$

その桁の和   その桁の和   その桁の和   桁上げ   その桁の和
$S_0 = 0$ $S_0 = 1$ $S_0 = 1$ $C_0 = 1$ $S_0 = 0$

図 7.11 2 進数 1 桁の加算の積み算

2 進数 2 桁の数 $A = (1\,1)$ と $B = (1\,1)$ の加算は図 7.12 のように演算される．2 進数の加算は最下位桁同士の加算からはじめ，2 進数の加算はその桁の加算結果が 2 になると桁上げが生じる．これを次の桁に加算することにより，順次値が求められる．その桁より上位の桁を上の桁，下位の桁を下の桁といい，2^0 の桁を最下位の桁とする．2^0 の桁の和は $1 + 1 = \overset{\text{イチゼロ}}{1\,0}$ となり，その桁の和は $S_0 = 0$，桁上げは $C_0 = 1$ である．2^1 の桁はその桁の加算と下の桁からの桁上げも加算するから $1 + 1 + 1 = \overset{\text{イチイチ}}{1\,1}$ となり，

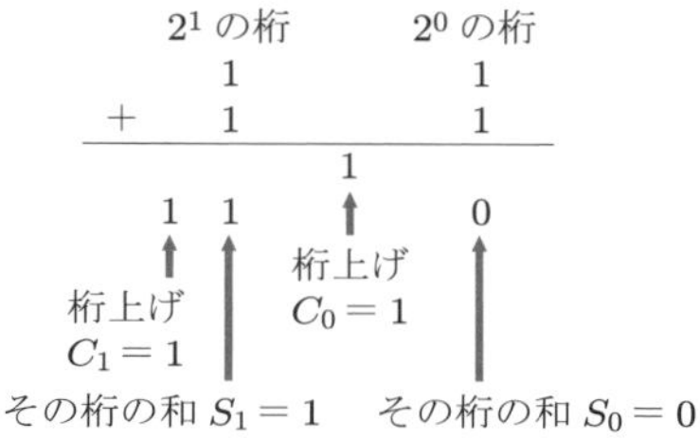

$$2^1 \text{ の桁} \qquad 2^0 \text{ の桁}$$

$$
\begin{array}{ccc}
 & 1 & 1 \\
+ & 1 & 1 \\
\hline
 & 1 & \\
1 \;\; 1 & & 0
\end{array}
$$

桁上げ $C_1 = 1$　　桁上げ $C_0 = 1$

その桁の和 $S_1 = 1$　　その桁の和 $S_0 = 0$

図7.12 2進数2桁の加算の積み算

2^1 の桁の和は $S_1 = 1$, 桁上げは $C_1 = 1$ となる. 加算結果は $(\overset{\text{イチ}}{1}\; \overset{\text{イチ}}{1}\; \overset{\text{ゼロ}}{0})_2$ である.

2^0 の桁のように下の桁からの桁上げのない加算器を半加算器 HA (half adder) といい, 2^1 の桁のようにその桁の加算に下の桁からの桁上げも加算する加算器を全加算器 FA (full adder) という. 本書では, 加えられるほうの数を被加数, 加えるほうの数を加数という. 表7.2 (a) に半加算器 HA の真理値表を示す. 被加数を A, 加数を B, 加算したその桁の和を S, 桁上げを C_0 とする. 表 (b) に全加算器 FA の真理値表を示す. 被加数を A, 加数を B, 下の桁からの桁上げを C_0, それらを加算したその桁の和を S, 桁上げを C とする.

表7.2 加算器の真理値表

(a) 半加算器 HA

A	B	C_0	S
0	0	0	0
0	1	0	1
1	0	0	1
1	1	1	0

(b) 全加算器 FA

A	B	C_0	C	S
0	0	0	0	0
0	1	0	0	1
1	0	0	0	1
1	1	0	1	0
0	0	1	0	1
0	1	1	1	0
1	0	1	1	0
1	1	1	1	1

表7.2 (a) の半加算器 HA の真理値表から求めた論理式は, 次式となる.

$$S = \overline{A}B + A\overline{B}(= A \oplus B)$$
$$C_0 = AB$$

論理式から求めた半加算器 HA の論理回路を, 図7.13 (a) に示す. 半加算器 HA を XOR ゲートで構成した論理回路を, 図 (b) に示す. 半加算器 HA の論理記号を, 図 (c) に示す.

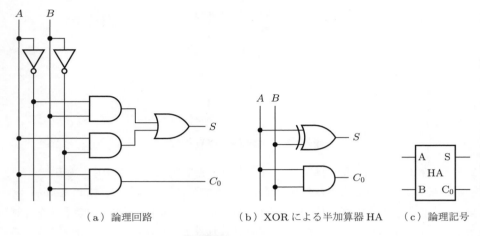

(a) 論理回路　　　　　（b）XOR による半加算器 HA　　（c） 論理記号

図 7.13　半加算器 HA

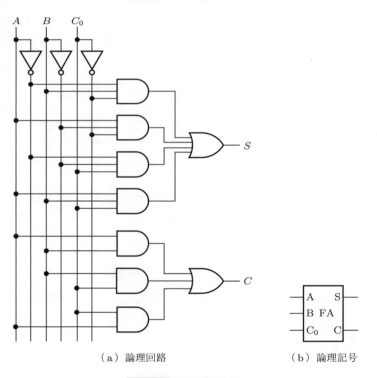

(a) 論理回路　　　　　　　　　（b） 論理記号

図 7.14　全加算器 FA

表 7.2（b）の全加算器 FA の真理値表から求めた論理式は，次式となる．

$$S = \overline{A}\overline{B}\overline{C_0} + A\overline{B}\,\overline{C_0} + \overline{A}\,\overline{B}C_0 + ABC_0$$

$$C = AB\overline{C_0} + \overline{A}BC_0 + A\overline{B}C_0 + ABC_0 = AB + BC_0 + AC_0$$

図 7.14（a）に論理式から求めた全加算器 FA の論理回路を示す．全加算器 FA の論理記号を図（b）に示す．

例題 7.5 全加算器 FA の論理式を XOR ゲートで表し，全加算器が半加算器 HA 2 段で構成できることを論理式で示し，回路を構成せよ．

解 ①表 7.2（b）の全加算器 FA の真理値表から求めた論理式を XOR ゲートに変換する．

$$S = \overline{A}\overline{B}\overline{C_0} + A\overline{B}\overline{C_0} + \overline{A}\,\overline{B}C_0 + ABC_0$$
$$= (\overline{A}B + A\overline{B})\overline{C_0} + (\overline{A}\,\overline{B} + AB)C_0 = (A \oplus B)\overline{C_0} + \overline{(A \oplus B)}C_0$$
$$= (A \oplus B) \oplus C_0$$

$$C = AB\overline{C_0} + \overline{A}BC_0 + A\overline{B}C_0 + ABC_0$$
$$= AB(\overline{C_0} + C_0) + (\overline{A}B + A\overline{B})C_0 = AB + (A \oplus B)C_0$$

②これを半加算器 HA 2 段で構成すると，図 7.15 になる．

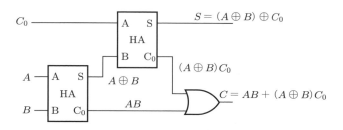

図 7.15 半加算器 HA による全加算器

また，1 桁の加算器は 1 ビット加算器ともいう．図 7.16 に 2 進数（A_2 A_1 A_0）と（B_2 B_1 B_0）を加算し，その結果を（C_2 S_2 S_1 S_0）に出力する 3 ビット加算器を示す．なお，A_0，B_0，C_0 はそれぞれの数の最下位の桁である．加算が上位桁に向かって順次桁上げをしながら実行されるので，このような桁上げをリップルキャリー（ripple carry）という．リップルキャリー方式では，加算器の段数が多くなるほど加算結果の時間遅れが増大する．リップルキャリーによる時間遅れを改善する方法として，その桁より下位のすべての桁上げだけを前もって演算し，その桁に加算するルックアヘッドキャリー（look ahead carry）方式（先見桁上げ方式）が考案され，加算器の高速化が図られている．図 7.17 に，ルックアヘッドキャリー方式 3 ビット加算器の概念図

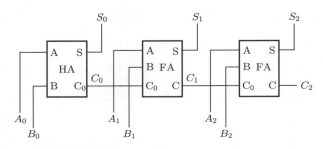

図 7.16 リップルキャリー方式 3 ビット加算器

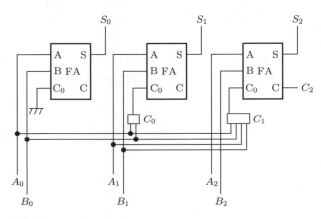

図 7.17 ルックアヘッドキャリー方式 3 ビット加算器の概念図

を示す．C_0，C_1 は桁上げだけを演算する回路である．

　大きい数から小さい数を引き算する減算器は，加算器と同じような手順で構成できる．これは【演習問題 7.3】で求めることにする．

7.5 補数による加減算

　論理回路は信号の ON，OFF，つまり 1，0 で動作しているので，負の動作はない．このため，コンピュータ内の減算は負数を表現できる補数（complement）C_p が用いられる．補数を用いることにより減算を加算で行うことができ，加減算を加算回路のみで構成することができる．このため，演算回路構成が簡素化できる．本書では，引かれるほうの数を被減数といい，引くほうの数を減数という．

　補数とは互いに補い合う二つの数のことである．和が一定数 10 になる数 7 + 3 = 10 の場合，7 に対しては 3 を，3 に対しては 7 を補うことにより一定数 10 になる．一

般に，ある数 A と C_p とが $A + C_p = $ 一定であるとき，A が決まればおのずと C_p が決まる．このような A と C_p とは互いに補い合う数であり，この 2 数を補数の関係にあるという．上記の 7 と 3 は互いに補数である．この一定数にはその数の基数が用いられる．すなわち，r 進数 n 桁の C_p は $A + C_p = r^n$，$C_p = r^n - A$ から得られる．10 進数 n 桁の数 A の 10 の補数 C_{p10} は $C_{p10} = 10^n - A$ である．

10 進数 $A = 55$ の C_{p10} は $C_{p10} = 10^n - A = 10^2 - 55 = 45$ となる．

n 桁の 2 進数 B において，

$$C_{p1} = (2^n - 1) - B, \quad C_{p2} = 2^n - B$$

を満たす C_{p1} を B の 1 の補数（one's complement），C_{p2} を B の 2 の補数（two's complement）という．なお，2 の補数 C_{p2} と 1 の補数 C_{p1} との関係は次式となる．

$$C_{p1} = (2^n - 1) - B = 2^n - 1 - B = 2^n - B - 1 = C_{p2} - 1 \quad \therefore \quad C_{p2} = C_{p1} + 1$$

例題 7.6
(1) 10 進数 $(20)_{10}$ の 10 の補数 C_{p10} を求めよ．
(2) 2 進数 $(0101)_2$ の 1 の補数 C_{p1} および 2 の補数 C_{p2} を求めよ．ただし，2 進数は 4 ビットとする．

解
(1) 10 進数 $(20)_{10}$ の 10 の補数 C_{p10} は $n = 2$（桁），$A = (20)_{10}$ として $C_{p10} = 10^2 - A = 100 - 20 = (80)_{10}$ となる．
(2) 2 進数 $(0101)_2$ の 1 の補数 C_{p1} は $n = 4$（桁），$A = (0101)_2$ として $C_{p1} = (2^4 - 1)_2 - (0101)_2 = (10000 - 1)_2 - (0101)_2 = (1111)_2 - (0101)_2 = (1010)_2$ となる．

2 進数 $(0101)_2$ の 2 の補数 C_{p2} は $n = 4$（桁），$A = (0101)_2$ として $C_{p2} = 2^4 - (0101)_2 = (10000)_2 - (0101)_2 = (1011)_2$ となる．

【例題 7.6 (2)】の演算結果から，1 の補数 C_{p1} はもとの数の各桁の 1 と 0 を入れ替えることにより，また 2 の補数 C_{p2} は 1 の補数 C_{p1} に 1 を加算することにより簡単に求められることがわかる．この様子を図 7.18 に示す．

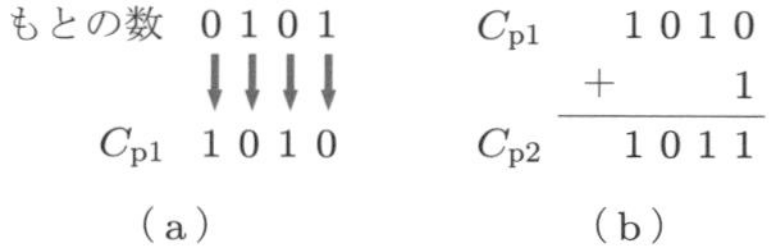

もとの数 0 1 0 1　　　　C_{p1}　　1 0 1 0
↓↓↓↓　　　　　　　　　　　＋　　　　1
C_{p1}　1 0 1 0　　　　　C_{p2}　1 0 1 1

（a）　　　　　　　　　　　（b）

図 7.18 2 進数の補数 C_{p1}, C_{p2} の求め方

例題 7.7
2 進数 $B = (011010)_2$ の 1 の補数 C_{p1}，2 の補数 C_{p2} を求めよ．

解 ① C_{p1} は B の各桁の 1 と 0 を入れ換えることにより，C_{p2} は C_{p1} に 1 を加えることにより求められる.

② 図 7.19 が得られる.

$$
\begin{array}{ll}
B & 0\ 1\ 1\ 0\ 1\ 0 \\
& \downarrow\downarrow\downarrow\downarrow\downarrow\downarrow \\
C_{p1} & 1\ 0\ 0\ 1\ 0\ 1 \\
& +\qquad\qquad\ \ 1 \\
\hline
C_{p2} & 1\ 0\ 0\ 1\ 1\ 0
\end{array}
$$

図 7.19 2 進数 B の補数 C_{p1}, C_{p2}

2 進数 n ビットの 2 の補数は最小数 -2^{n-1} ～最大数 $2^{n-1}-1$ までを表す. 最上位桁（MSB）を符号桁（符号ビット）とし，符号桁が 0 なら正の数，1 ならば負の数とする.

表 7.3 に 2 進数 4 ビットの 2 の補数表示を示す. 2 進数 4 ビットでは最小値 $(1000)_2$ ～最大値 $(0111)_2$ までの数を表し，10 進数では最小値 $-2^{4-1}=-8$ から最大値 $2^{4-1}-1=+7$ までの数を表すことができる. 2 進数 4 ビットの場合は，この数値範囲で演算を行う.

表 7.3　2 進数 4 ビットの 2 の補数表示

10 進数（正）	2 の補数（正）	10 進数（負）	2 の補数（負）
0	0 0 0 0	0	0 0 0 0
1	0 0 0 1	-1	1 1 1 1
2	0 0 1 0	-2	1 1 1 0
3	0 0 1 1	-3	1 1 0 1
4	0 1 0 0	-4	1 1 0 0
5	0 1 0 1	-5	1 0 1 1
6	0 1 1 0	-6	1 0 1 0
7	0 1 1 1	-7	1 0 0 1
		-8	1 0 0 0

符号桁が 0 である正数 B の補数は符号桁が 1 となるから負数（$-B$）を表している. 補数表示により，2 進数 A, B の減算 $A-B$ は $A+(-B)$ として B の補数加算で演算することができる.

4 ビットの 2 進数 A, B を正の数として，$A-B$ の減算を減数 B の 2 の補数加算で求める手順を以下に示す.

① 減数 B の各桁の 1 と 0 を入れ替えて 1 の補数 C_{p1B} を求める.

② 1 の補数 C_{p1B} に 1 を加えて 2 の補数 C_{p2B} を求める.

③被減数 A に B の 2 の補数 C_{p2B} を加える.

④加算結果に最上位桁からのキャリー C があれば（最上位桁からの桁上げがあれば），4 ビット以上（5 ビット目）はないのでこのキャリー C を無視する．残りの数の符号桁が 0 ならそのまま正数の解とし，1 なら再補数 C_{p2B} を求めて負数の解とする．

⑤加算結果に最上位桁からのキャリー C がなく（最上位桁からの桁上げがなく），符号桁が 0 ならばそのまま正数の解とし，1 ならば再補数 C_{p2B} を求めて負数の解とする．

例題 7.8 次の 2 進数 $A - B$ を 2 の補数の加算で求めよ．
(1) $A > B : A = (0\,1\,1\,0)_2,\ B = (0\,0\,1\,0)_2$
(2) $A < B : A = (0\,0\,1\,0)_2,\ B = (0\,1\,1\,0)_2$

解 (1) 図 7.20 に演算を示す．
① B の 2 の補数 C_{p2B} を求め，A に加算する．
②加算結果に最上位桁からのキャリー C があるから，キャリー C を無視して残りの数を正の解とする．

したがって，$(0\,1\,0\,0)_2 = (4)_{10}$ である．

$$A > B$$
$$A = (0\,1\,1\,0)_2 = (6)_{10} \qquad B = 0\,0\,1\,0$$
$$B = (0\,0\,1\,0)_2 = (2)_{10} \qquad C_{p1B} = 1\,1\,0\,1$$
$$A - B = 6 - 2 \qquad\qquad C_{p2B} = C_{p1B} + 1 = 1\,1\,1\,0$$
$$\qquad\quad = 6 + (-2) \qquad\quad A - B = A + C_{p2B}$$
$$\qquad\quad = (4)_{10}$$

$$
\begin{array}{r}
A \qquad 0\,1\,1\,0 \\
+ \quad C_{p2B} \quad 1\,1\,1\,0 \\
\hline
1\,0\,1\,0\,0
\end{array}
$$

無視する

図 7.20 　2 進数の補数による加算（$A > B$）

(2) 図 7.21 に演算を示す．
① B の 2 の補数 C_{p2B} を求め，A に加算する．
②加算結果に最上位桁からのキャリー C がなく，符号桁が 1 であるから，さらに 2 の補数 C_{p2} を求め，負の解とする．

したがって，$-(0\,1\,0\,0)_2 = -(4)_{10}$ である．

$$
\begin{array}{ll}
A < B & B = 0\,1\,1\,0 \\
A = (0\,0\,1\,0)_2 = (2)_{10} & C_{p1B} = 1\,0\,0\,1 \\
B = (0\,1\,1\,0)_2 = (6)_{10} & C_{p2B} = C_{p1B} + 1 = 1\,0\,1\,0 \\
A - B = 2 - 6 & A - B = A + C_{p2B} \\
\quad = 2 + (-6) & \\
\quad = -(4)_{10} &
\end{array}
$$

$$
\begin{array}{rrr}
 & A & 0\,0\,1\,0 \\
+ & C_{p2B} & 1\,0\,1\,0 \\
\hline
 & & 1\,1\,0\,0 \\
 & C_{p1} & 0\,0\,1\,1 \\
 & C_{p2} & 0\,1\,0\,0
\end{array}
$$

図 7.21 2 進数の補数による加算（$A < B$）

負数を 2 の補数に変換してそれを加算する 4 ビット減算（補数加算）において，演算結果が正解，不正解になる場合の例を図 7.22 に示す．被加数 $A = (A_3\,A_2\,A_1\,A_0)$，加数 $B = (B_3\,B_2\,B_1\,B_0)$，演算結果 $S = (C_3\,S_3\,S_2\,S_1\,S_0)$，最下位からのキャリーを C_0 として各桁からのキャリーを $C = (C_3\,C_2\,C_1\,C_0)$ とする．図中 C_2 は下 3 桁目からの桁上げであり，A_3，B_3，S_3 は符号桁（符号ビット）である．

加算演算とキャリー

$$
\begin{array}{rcccc}
 & C_2 & C_1 & C_0 & \\
 & | & | & | & \\
 & A_3 & A_2 & A_1 & A_0 \\
+ & B_3 & B_2 & B_1 & B_0 \\
\hline
C_3 & S_3 & S_2 & S_1 & S_0
\end{array}
$$

(a) 正解

$$
\begin{array}{rr}
 & 3 \\
+ & 4 \\
\hline
 & 7
\end{array}
\qquad
\begin{array}{rl}
 & (C_2)0 \\
 & 0\,0\,1\,1 \\
+ & 0\,1\,0\,0 \\
\hline
 & 0\,1\,1\,1\ (7)_{10} \\
 & (C_3)0
\end{array}
$$

(b) 不正解（オーバーフロー）

$$
\begin{array}{rr}
 & 7 \\
+ & 4 \\
\hline
 & 11
\end{array}
\qquad
\begin{array}{rl}
 & (C_2)1 \\
 & 0\,1\,1\,1 \\
+ & 0\,1\,0\,0 \\
\hline
 & 1\,0\,1\,1\ (-5)_{10} \\
 & (C_3)0
\end{array}
$$

(c) 不正解（オーバーフロー）

$$
\begin{array}{rr}
 & -6 \\
+ & -3 \\
\hline
 & -9
\end{array}
\qquad
\begin{array}{rl}
 & (C_2)0 \\
 & 1\,0\,1\,0 \\
+ & 1\,1\,0\,1 \\
\hline
 & 1\,0\,1\,1\,1\ (7)_{10} \\
 & (C_3)1
\end{array}
$$

(d) 正解

$$
\begin{array}{rr}
 & -2 \\
+ & -3 \\
\hline
 & -5
\end{array}
\qquad
\begin{array}{rl}
 & (C_2)1 \\
 & 1\,1\,1\,0 \\
+ & 1\,1\,0\,1 \\
\hline
 & 1\,1\,0\,1\,1\ (-5)_{10} \\
 & (C_3)1
\end{array}
$$

図 7.22 4 ビット 2 進数の補数加算の例

図 7.22 はそれぞれ以下のようになる．

- (a) $3 + 4 = 7$：$(0\,0\,1\,1)_2 + (0\,1\,0\,0)_2 = (0\,1\,1\,1)_2$ は符号桁が 0（正数），$(0\,1\,1\,1)_2 = (7)_{10}$ で正解である．
- (b) $7 + 4 = 11$：$(0\,1\,1\,1)_2 + (0\,1\,0\,0)_2 = (1\,0\,1\,1)_2$ は符号桁が 1 で負数となるため，

不正解である.

- (c) $-6-3 = -9$：$(1010)_2 + (1101)_2 = (10111)_2$ は 5 ビット目はないから これを無視する. 残りのビット列 $(0111)_2$ の符号桁が 0 で正数であるから，不正解である.

- (d) $-2-3 = -5$，$(1110)_2 + (1101)_2 = (11011)_2$：5 ビット目はないからこれを無視する. 残りのビット列 $(1011)_2$ の符号桁が 1 で負数であるから再補数を求めて，負の解とする. $(1011)_2 \rightarrow C_{p1} = (0100)_2 \rightarrow C_{p2} = (0101)_2 = (5)_{10}$ より，$-(0101)_2 = -(5)_{10}$ で正解である.

演算結果が予期しない値になることをオーバーフロー（overflow）という. 図 7.22 の例では，図 (b)，(c) の演算結果が不正解であるからオーバーフローが生じていることになる.

図 7.22 のキャリー C_3，C_2 に対して，オーバーフローが生じると $F = 1$，生じなければ $F = 0$ とした表を表 7.4 に示す. 正数同士の加算では符号桁への桁上げが発生すると解が負数となるため不正解，負数同士の加算では 5 ビット目を無視した残りのビット列の符号桁への桁上げがなければ正数となるため不正解となる.

表 7.4 から $F = 1$ に着目して得られた論理式を以下に示す.

表7.4 オーバーフローの検出表（キャリー C_3, C_2 とオーバーフロー F)

	C_3	C_2	F
(a)	0	0	0
(b)	0	1	1
(c)	1	0	1
(d)	1	1	0

$$F = C_2\overline{C_3} + \overline{C_2}C_3 = C_2 \oplus C_3$$

オーバーフロー検出の一方法として，求めた論理式からオーバーフローの検出回路が構成できる.

加減算器においては，入力値の上限，下限が定められた範囲内になるように前もって数値の処理を行い，オーバーフローが起こらないようにする.

通常加減算などの演算処理装置はプログラムによって制御されているので，オーバーフローなどが生じた場合は原因の除去を行うかまたは想定外ならエラーを表示して，処理を停止する. 他への影響がなければ無視するなどの対応を行う必要がある.

例題 7.9

図7.23の2進数4ビット全加算器（被加数 $A = (A_3\ A_2\ A_1\ A_0)$，加数 $B = (B_3\ B_2\ B_1\ B_0)$，演算結果 $F = (C\ F_3\ F_2\ F_1\ F_0)$）を用いて，加減算器を構成せよ．$A_0$, B_0, F_0 はそれぞれ数値 A, B, F の最下位の桁である．C_0 は B_0 以下からの桁上げ入力，C は最上位桁 F_3 からの桁上げ出力である．減算は減数の2の補数で演算するものとする．

被加数，被減数を $A = (A_3\ A_2\ A_1\ A_0)$，加数，減数を $Y = (Y_3\ Y_2\ Y_1\ Y_0)$，加算，減算の切り換え信号を SUB，結果を $F = (C\ F_3\ F_2\ F_1\ F_0)$ として，$SUB = 0$ のとき $A + Y$，$SUB = 1$ のとき $A - Y$ を演算する回路を付加せよ．なお，A, Y は正の数である．

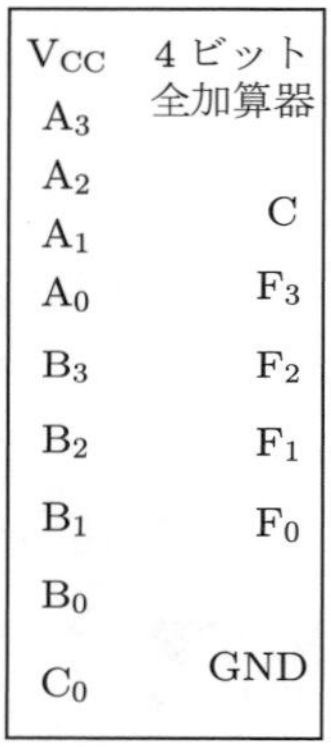

```
VCC    4ビット
        全加算器
A3
A2
A1           C
A0
             F3
B3
             F2
B2
             F1
B1
             F0
B0

C0          GND
```

図7.23　4ビット全加算器

解

① $SUB = 0$（加算）：Y を B にそのまま入力する．
最下位 B_0 以下からの桁上げはないから，$C_0 = 0$ を入力する．
$C_0 = 0$ は $SUB = 0$ の信号を使用して $A + Y$ の演算を行う．

② $SUB = 1$（減算）：Y を否定して Y の1の補数 C_{p1Y} を B に入力する．
$C_0 = 1$ を入力して B に1を加算することにより，Y の2の補数 C_{p2Y} を得る．
なお，$C_0 = 1$ は $SUB = 1$ の信号を使用する．
A と Y の2の補数 C_{p2Y} との加算から $A - Y$ の演算を行う．

③ $SUB = 1$ のとき入力 Y を否定して出力し，$SUB = 0$ のとき入力 Y をそのまま出力する制御回路が必要である．これを可能にする回路として，図7.24 (a) の XOR ゲートが使用できる．

④ XOR ゲートを制御回路に使用した4ビット加減算器を図 (b) に示す．一般に，減算出力は符号も含めてそのままデータとして処理される．

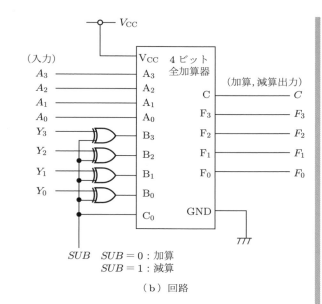

SUB	Y	B
0	0	0
0	1	1
1	0	1
1	1	0

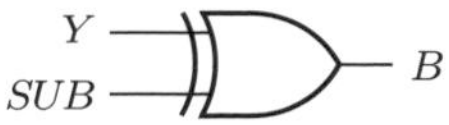

（a）XOR ゲート

SUB　$SUB = 0$：加算
$SUB = 1$：減算

（b）回路

図 7.24　4 ビット全加算器による加減算器

演習問題

7.1 2 進数 1 桁の数 A, B の大小を比較する回路を構成せよ.

7.2 リップルキャリー方式の 3 ビット加算器を HA と FA とで構成せよ. $A = (A_2 \, A_1 \, A_0) = (1 \, 1 \, 0)_2$ と $B = (B_2 \, B_1 \, B_0) = (1 \, 0 \, 1)_2$ の加算において, その桁の和を S_2, S_1, S_0, 桁上げを C_2, C_1, C_0 として加算器の回路図に入出力値を記入し, 演算結果を求めよ.

7.3 被減数 A, 減数 B, 上の桁からの借りができるとしてその借りを B_0 (borrow), その桁の差を D (difference) とする 2 進数 1 ビットの減算器を半減算器 HS (half subtractor) という. 2 進数 1 ビットの減算は図 7.25 のように演算される. 半減算器 HS の真理値表, 論理式, 論理回路を示せ.

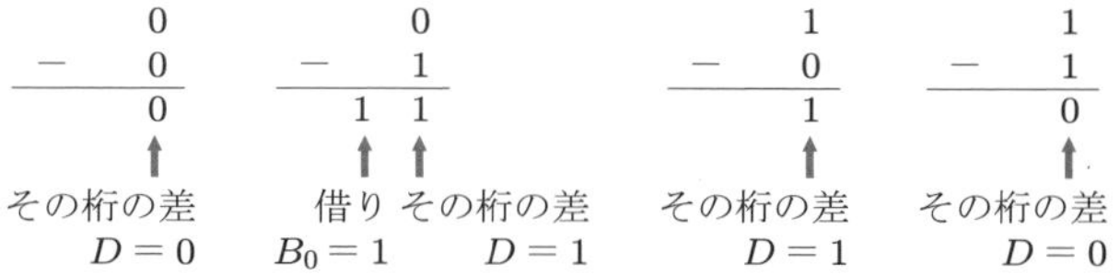

$$
\begin{array}{cccc}
& 0 & & 0 \\
- & 0 & - & 1 \\
\hline
& 0 & & 1 \ 1
\end{array}
\qquad
\begin{array}{cc}
& 1 \\
- & 0 \\
\hline
& 1
\end{array}
\qquad
\begin{array}{cc}
& 1 \\
- & 1 \\
\hline
& 0
\end{array}
$$

その桁の差　　借り その桁の差　　　その桁の差　　　その桁の差
$D = 0$　　$B_0 = 1$　$D = 1$　　　　$D = 1$　　　　$D = 0$

図 7.25　2 進数 1 ビットの減算

7.4 次の 2 進数の 1 の補数 C_{p1} と 2 の補数 C_{p2} を求めよ.

(1) $(0\,0\,0\,0\,1)_2$　(2) $(0\,0\,1\,0\,1)_2$　(3) $(0\,1\,1\,0\,0)_2$

7.5　次の 2 進数の減算を 2 の補数により求めよ.

(1) $(0\,1\,1\,0\,1)_2 - (0\,0\,1\,1\,0)_2$　(2) $(0\,0\,1\,1\,0)_2 - (0\,1\,1\,0\,1)_2$

7.6　図 7.26 は $a \sim g$ の各辺（セグメント）に通電するとその部分が発光し, $0 \sim 9$ の文字を表示する表示器である. 2 進数入力で 10 進数 $0 \sim 9$ の文字を表示するための真理値表を作成せよ.

図 7.26　0〜9を表示する表示器

8 PLA

> この章では論理式をあたかもプログラムを組むように論理回路が構成できる PLA についてその構成と記述法について学ぶ.

8.1 PLA の概要

論理式が複雑になるとそれだけ論理回路も複雑になり,回路の設計,製作時間,労力ともに大きくなる.そこで,論理式を論理積とそれらの論理和で表し,それを多数の AND ゲートと OR ゲートを集積した IC で回路化する方法が考案された.多数の AND ゲートと OR ゲートを図 8.1 のように配列(array)した集積回路を PLA(programmable logic array)といい,論理式を外部信号で直接論理回路化することができる.PLA を使用するかどうかは論理演算数と配列素子数との兼ね合いにもよるが,論理回路化に要する時間の短縮と構成の容易さから,多方面で利用されている.

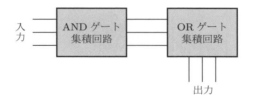

図 8.1　PLA の構成

8.2 各ゲートの PLA 表示

ダイオードによる 2 入力 AND ゲートとその概略図を図 8.2 に示す.図 (a) は 5.1.4 項で示した $Y = AB$ を演算するダイオード D_1,D_2 による 2 入力 AND ゲートである.$A = B = 1$ のときのみ D_1,D_2 がともに不導通となり,$Y = 1$ を出力し,その他の入力では $Y = 0$ を出力する.これを図 (b) のように描き換え,さらに図 (c) のように簡略化して表す.入力を縦のライン,出力を横のラインとして,図のように論理に必要なダイオードが挿入されている箇所に ● を付けることにより $Y = AB$ の論理を表す.

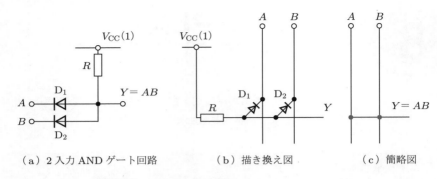

図8.2 ダイオードによる2入力 AND ゲートの表示

図8.3（a）は入力側に NOT ゲートを追加し，否定入力も演算する回路である．$A = 0$, $B = 1$ のとき D_3, D_4 が不導通になって $Y = 1$ を出力し，その他の入力では 0 を出力する．図（a）を簡略化した図を図（b）に示す．この回路は $Y = \overline{A}B$ の論理を行う．

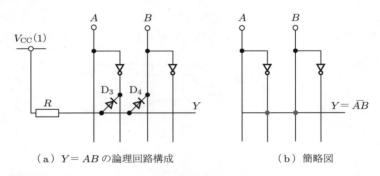

（a）$Y = \overline{A}B$ の論理回路構成　　　　　　（b）簡略図

図8.3 入力側に NOT ゲートを付加したダイオードによる2入力 AND ゲートの表示

図8.4にダイオードによる2入力 OR ゲートを示す．図（a）は5.1.4項で示した $Y = A + B$ を演算するダイオード D_1, D_2 による OR ゲートである．A, B のいずれかが 1 のときダイオードが導通して $Y = 1$ を出力し，$A = B = 0$ のときのみ $Y = 0$ を出力する．これを図（b）のように描き換え，さらに図（c）のように簡略化して表す．入力を横のライン，出力を縦のラインとして，図のように論理に必要なダイオードが挿入されている箇所に ● を付けることにより $Y = A + B$ の論理を表す．

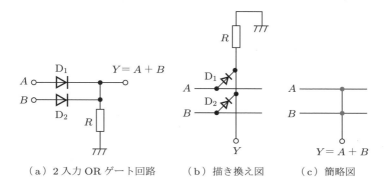

（a）2 入力 OR ゲート回路　　　（b）描き換え図　　　（c）簡略図

図8.4　ダイオードによる 2 入力 OR ゲートの表示

　このような AND ゲートと OR ゲートを，図 8.5 のように多数集積した論理ゲートが PLA である．3 入力 4 出力 PLA の簡略化した図を図 8.6 に示す．外部信号で論理演算に不要なダイオードを過電流を流して溶断することで，論理回路が構成される．

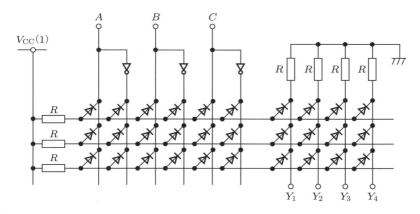

図8.5　ダイオード構成による PLA

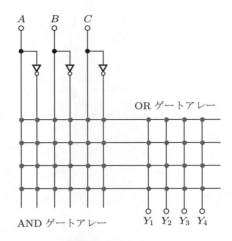

図8.6　PLAの記述図

例題
8.1

図 8.7 の PLA 表示において，（　　）に出力される論理式を求めよ．

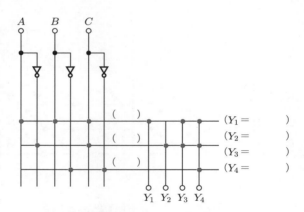

図8.7　PLA表示した論理回路

解

① AND ゲートの出力ライン上の ● 印と入力ラインから変数の肯定，否定を読み取って論理積を求める．

② OR ゲートの出力ライン上の ● 印に対応した AND ゲートの出力論理式のすべての論理和を求める．

③ AND ゲートの出力論理式，OR ゲートの出力論理式が図 8.8 のように求められる．

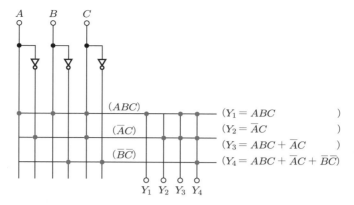

図 8.8 PLA 表示と論理式

演習問題

8.1 PLA とは何か説明せよ．また，その特徴を記せ．

8.2 次の論理式を PLA 表示で示せ．

$Y_1 = \overline{A}\,\overline{B} + ABC, \ Y_2 = \overline{A}BC + A\overline{B}C + AB\overline{C} + ABC$

8.3 $Y = (A + \overline{B})(C + \overline{D})$ を PLA 表示で示せ．

9 記憶回路

　現在の回路状態と次の入力とにより出力が決定される回路を順序論理回路という．順序論理回路は数を計数するカウンタ（計数器）や，数を一時的に格納したり転送したりするシフトレジスタなど，記憶動作をともなう回路であり，その基本回路はラッチとフリップフロップである．ラッチやフリップフロップは，入力で出力が 0 → 1 または 1 → 0 に遷移すると，その状態を次の入力まで保持することができる回路である．このような回路を二安定回路という．この章では，順序論理回路を構成する基本回路であるラッチやフリップフロップなどの論理ゲートによる構成や論理動作，状態遷移図について学ぶ．

9.1 二安定回路

　二安定回路（bistable circuit）は 1 または 0 を安定状態とする回路であり，1 または 0 を記憶する 2 値記憶回路である．二安定回路の分類を図 9.1（a）に示す．二安定回路にはラッチ（latch）とフリップフロップ（flip-flop）がある．ラッチには掛けがねをかける，フリップフロップにはぎっこんばったんするシーソーのような意味があり，いずれも二つの安定点を行ったり来たりする状態を表す言葉として使われている．

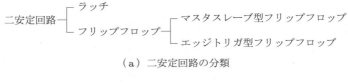

二安定回路 ─┬─ ラッチ
　　　　　　└─ フリップフロップ ─┬─ マスタスレーブ型フリップフロップ
　　　　　　　　　　　　　　　　　└─ エッジトリガ型フリップフロップ

（a）二安定回路の分類

二安定回路 ─┬─ ラッチ ─┬─ SR ラッチ
　　　　　　│　　　　　└─ D ラッチ
　　　　　　│
　　　　　　└─ フリップフロップ ─┬─ JK フリップフロップ
　　　　　　　　　　　　　　　　　├─ D フリップフロップ
　　　　　　　　　　　　　　　　　└─ T フリップフロップ

（b）論理動作による分類

図 9.1 二安定回路

ラッチは入力のレベルで出力が1または0に遷移し，その状態を保持する二安定回路であり，データの保持やカウンタなどの出力を強制的に0にしたり1にしたりする回路などに使用される．フリップフロップは外部制御信号であるクロックパルス（clock pulse）に同期して出力が遷移し，その状態を保持する二安定回路であり，データの保持やカウンタ，分周器などに使用される．

フリップフロップはさらに，マスタ回路（master circuit）とスレーブ回路（slave circuit）の2段で構成したマスタスレーブ型フリップフロップ（master-slave flip-flop）と，クロックパルスの立ち上がりまたは立ち下がり信号で入力を読み取って出力が遷移するエッジトリガ型フリップフロップ（edge-triggered flip-flop）とに分けられる．トリガ（trigger）には鉄砲などの引き金の意味があり，このことからエッジトリガフリップフロップとはクロックパルスの立ち上がり，または立ち下がりのエッジが引き金となり，つまりクロックパルスのエッジで回路がトリガされ，動作するフリップフロップのことである．論理動作からは図（b）のように分けられる．これらについては9.2, 9.3節で順次学ぶ．なお，ラッチはまたフリップフロップとも呼ばれる．

一つ前の内部状態と次の入力とによって自動的に次の内部状態に変化した結果を出力する装置を自動機械（オートマトン，automaton）という．入力および内部状態が有限個の場合，有限オートマトンという．入力に対して内部状態がどのように遷移するかを示したものを状態遷移図または状態遷移表という．

9.2 ラッチ

出力状態を保持するもっとも簡単な電気回路はスイッチやリレーによる回路である．

図9.2（a）は一般的な切り換えスイッチSWによる電灯の点灯，消灯回路である．出力状態はスイッチの機械的動作により保持されている．

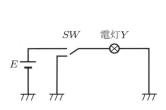

（a）切り替えスイッチによる保持回路

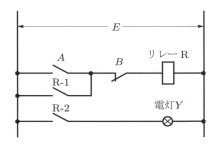

（b）リレーによる保持回路

図9.2　保持回路

図9.2 (b) はスイッチ A, B とリレー R による電灯の点灯, 消灯回路である. スイッチは手を離すと図の状態に復帰する. 点灯と消灯を同時に行うことはないから, スイッチ A と B は同時に押さないものとして, 図 (b) の回路は以下の動作を行う.

① A を押す (スイッチが閉じる): リレー R に電圧が印加され, リレー R が動作する. リレー R の a 接点 Ra-1, Ra-2 が閉じ, 電灯が点灯する.

② A から手を放す (スイッチが復帰して開く): リレー接点 Ra-1 が閉じているので, リレー R は動作状態を続け, 点灯状態を保持する.

③ B を押す (スイッチが開く): リレー R への通電回路が絶たれ, リレー R が不動作となる. リレー接点 Ra-1, Ra-2 が開き, 電灯が消灯する.

④ B から手を放す (スイッチが閉じる): スイッチ A, リレー接点 Ra-1 がともに開いているのでリレー R は不動作状態を続け, 消灯状態を保持する.

このように, スイッチが図のように復帰すると, いずれの出力状態であれ, そのときの状態を保持, 記憶する. この回路をリレーによる保持回路とかリレーによる記憶回路という.

スイッチを押すことを 1, 押していたのを放すか押さない状態を 0, 電灯の点灯を $Y=1$, 消灯を $Y=0$ とする. スイッチ A, B に対する出力 Y を (AB/Y) と表すことにすると, 図9.2 (b) の入力に対する出力は以下のように表せる. なお, 0 でも 1 でもよい状態を x: don't care とする.

① $Y=0$ (消灯) のとき $A=0$ (何もしない) なら, $B=x$ でも (スイッチを押しても押さなくても) $Y=0$ (消灯状態) を保持している: $(0\ x/0)$ と表す.

② $Y=0$ (消灯) のとき $B=0$ (何もしない) なら, $A=1$ (押す) で $Y=0 \to 1$ (消灯から点灯) に遷移する: $(1\ 0/1)$ と表す.

③ $Y=1$ (点灯) のとき $B=0$ (何もしない) なら, $A=x$ (スイッチを押しても押さなくても) で $Y=1$ (点灯) を保持している: $(x\ 0/1)$ と表す.

④ $Y=1$ (点灯) のとき $A=0$ (何もしない) なら, $B=1$ (押す) で $Y=1 \to 0$ (点

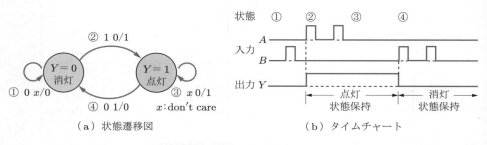

（a）状態遷移図　　　　（b）タイムチャート

図9.3 状態遷移図とタイムチャート

灯から消灯）に遷移する：(0 1/0) と表す.

①～④の状態を図9.3 (a) のように描くと，入力に対する出力の遷移状態が視覚的によく理解できる．矢印は出力の遷移方向を示している．このような図を状態遷移図（state transition diagram）という．①～④の状態をタイムチャート（time chart）で表すと，図 (b) になる．

$Y = 0$ で $B = 0$ のとき一度でも $A = 1$ になると電灯は点灯し，その状態を保持する．

$Y = 1$ で $A = 0$ のとき一度でも $B = 1$ になると電灯は消灯し，その状態を保持する．

このような状態保持機能をもつ記憶回路を論理素子で構成してみよう．現在の出力状態を Y_0，入力による次の出力状態を Y として，図9.3 (a) の状態遷移図から真理値表を作成すると図9.4 (a) になる．ただし，$A = B = 1$ は使用しないものとする．

現在の出力状態 Y_0	入力 A	B	次の出力状態 Y
0	0	0	0
	0	1	0
	1	0	1
	1	1	使用せず
1	0	0	1
	0	1	0
	1	0	1
	1	1	使用せず

（a）真理値表

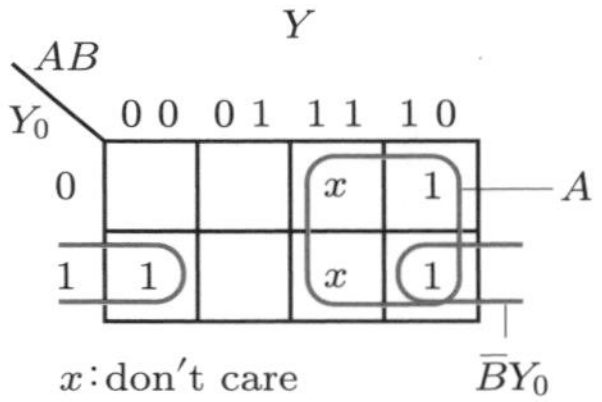

（b）カルノー図

図 9.4　二安定回路

真理値表の $Y = 1$ に着目して Y の論理式を A, B, Y_0 から求めるカルノー図を図9.4 (b) に示す．$A = B = 1$ は使用しないので，カルノー図上ではこの領域を x：don't care とする．ここでは，$x = 1$ とすると図のようにグループ化ができ，次式が得られる．

$$Y = A + \overline{B}Y_0$$

現在の出力状態 Y_0 が A, B の入力で次の出力状態 Y になると，Y はすぐに次の新たな状態 Y_0 となる．これを論理回路で構成すると図9.5になり，さらにこの回路を変形すると図9.6になる．この回路が1または0を安定状態とするラッチの基本形である．回路は出力が入力に接続された，いわゆる帰還回路を形成している．これにより情報は入出力間を循環することになり，回路内に記憶される．さらに，図9.6の AND 機

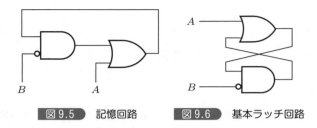

図9.5 記憶回路　図9.6 基本ラッチ回路

能を OR 機能に論理変換すると，図 9.7 の NOR 型ラッチが得られる．また，図 9.6
の OR 機能を AND 機能に論理変換すると，図 9.7 の NAND 型ラッチが得られる．

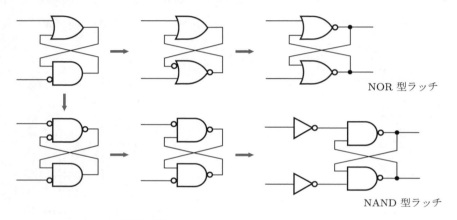

図9.7 NAND 型ラッチと NOR 型ラッチ

9.2.1 SR ラッチ

図 9.7 の NAND 型ラッチの入力側を S, R, その出力を Q, $\overline{Q}$ とした SR ラッチを
図 9.8（a）に示す．なお，ラッチの出力は 1 または 0 を安定状態とするから，一方の
出力を Q, 他方を $\overline{Q}$ とする．このままだと，NOT ゲートの出力と NAND ゲートの

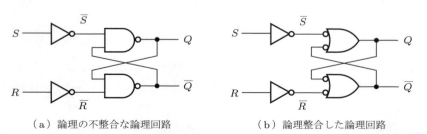

（a）論理の不整合な論理回路　　（b）論理整合した論理回路

図9.8 SR ラッチ

入力との論理の不整合のため回路動作が読みにくい．そこで，論理を整合するために，AND 機能を OR 機能に論理変換した回路を図（b）に示す．

SR ラッチの回路動作を図 9.9 で解析してみよう．現在の出力状態を Q_0, $\overline{Q_0}$, 入力により次に遷移する出力状態を Q, $\overline{Q}$ とする．なお，矢印は状態の遷移方向を示している．

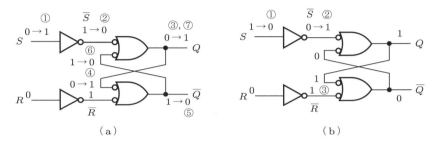

図 9.9 OR 機能に変換した SR ラッチの回路動作

図 9.9（a）において，初期値 $S = R = 0$，現在の出力が仮に $Q_0 = 0$, $\overline{Q_0} = 1$ であるとして，この状態から $S = 1$, $R = 0$ を入力すると，以下のような回路状態になる．

① $S = 0 \rightarrow 1$

② $\overline{S} = 1 \rightarrow 0$

③ $Q = 0 \rightarrow 1$ を出力する．

④ $0 \rightarrow 1$ となり，$\overline{R} = 1$

⑤ $\overline{Q} = 1 \rightarrow 0$ を出力する．

⑥ $1 \rightarrow 0$

⑦ $Q = 1$ のままである．

　したがって，$S = 1$, $R = 0$ のとき $Q = 1$, $\overline{Q} = 0$ を出力する．

この状態から図 9.9（b）のように，$S = 0$, $R = 0$ を入力すると以下のような回路状態になる．

① $S = 1 \rightarrow 0$

② $\overline{S} = 0 \rightarrow 1$．他方の入力が 0 であるから $Q = 1$ のままである．

③ $\overline{R} = 1$，他方の入力も 1 であるから $\overline{Q} = 0$ のままである．

　　したがって，$S = R = 0$ のとき，現在の出力状態 $Q = 1$, $\overline{Q} = 0$ を保持する．

　同様の解析から以下の回路動作が得られる．

- $S = 0$, $R = 1$ のとき $Q = 0$, $\overline{Q} = 1$
- この状態から $S = R = 0$ を入力すると，$Q = 0$, $\overline{Q} = 1$ のままである．

- $S = 1$, $R = 1$ のとき $Q = \overline{Q} = 1$

- この状態から $S = R = 0$ を入力すると，回路は入力のわずかな時間ずれや回路のわずかな不平衡のために，出力のどちらかが変化すると急速にその状態を増幅し，一方が1に他方が0に落ち着く．つまり，Q または $\overline{Q}$ のどちらが1になるかは不定である．このため，論理出力としては不定となる．また，$S = R = 1$ で $Q = \overline{Q} = 1$ になるから，相異なる出力を利用する二安定回路としては使用禁止である．したがって，SR ラッチにおける $S = R = 1$ は特別の場合を除いて使用しない．

Q を1にすることをセット（set）とかプリセット（preset）といい，Q を0にすることをリセット（reset）とかクリア（clear）という．Q をセットする入力端子にSを，リセットする入力端子にRを付け，$S = 1$（他方 $R = 0$）のとき Q を1にセット，$R = 1$（他方 $S = 0$）のとき Q を0にリセットするラッチを SR ラッチという．

回路動作解析で得られたすべての入力に対する出力の関係を，図 9.10（a）に示す．

現在の出力状態		入力		次の出力状態	
Q_0	$\overline{Q_0}$	S	R	Q	$\overline{Q}$
0	1	0	0	0	1
		0	1	0	1
		1	0	1	0
		1	1	1	1
1	0	0	0	1	0
		0	1	0	1
		1	0	1	0
		1	1	1	1

（a）真理値表

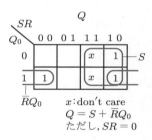

x：don't care
$Q = S + \overline{R}Q_0$
ただし，$SR = 0$

（b）カルノー図

図 9.10　SR ラッチ

図 9.10（a）の $Q = 1$ に着目して，出力 Q の論理式を Q_0, S, R から求めるカルノー図を描くと図（b）となる．ただし，$S = R = 1$ は使用禁止であるから，カルノー図上では x：don't care とする．この場合，$x = 1$ とすることにより，グループ化ができて S となり，次式の論理式が得られる．

$$Q = S + \overline{R}Q_0 \quad (SR = 0 \ (S = R = 1 \ 以外))$$

この論理式を SR ラッチの特性方程式（characteristic equation）という．

図 9.10（a）の入出力関係を整理すると，図 9.11（a）が得られる．図（a）が SR ラッチの真理値表である．SR ラッチの論理記号を図（b）に示す．

S	R	Q	$\overline{Q}$	状態
0	0	Q_0	$\overline{Q_0}$	現在の状態を記憶（no change）
0	1	0	1	リセット（reset, clear）
1	0	1	0	セット（set, preset）
1	1	1	1	不定, 禁止（inhibit）

（a）真理値表　　　　　　　　　　　　（b）論理記号

図 9.11　SR ラッチ

例題 9.1　図 9.12 に示すラッチの入力に対する出力のタイムチャートを求めよ．また，不定（禁止）領域を斜線で示せ．なお，出力は前もってリセットされている．

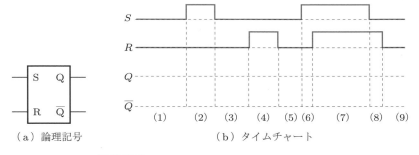

（a）論理記号　　　　　　　　　（b）タイムチャート

図 9.12　SR ラッチのタイムチャートの作成

解

① 論理記号が SR ラッチであるから，$S = 1$（$R = 0$）なら $Q = 1$（$\overline{Q} = 0$），$R = 1$（$S = 0$）なら $\overline{Q} = 1$（$Q = 0$），$S = R = 1$ なら $Q = \overline{Q} = 1$ である．なお，$S = R = 0$ で現在の出力状態を保持する．

② S，R の入力に従って出力のタイムチャートを完成させる．出力は前もってリセットされているから $Q = 0$，$\overline{Q} = 1$ である．

(1) $S = R = 0 : Q = 0$，$\overline{Q} = 1$ を保持

(2) $S = 1$，$R = 0 : Q = 1$，$\overline{Q} = 0$

(3) $S = R = 0 : Q = 1$，$\overline{Q} = 0$ を保持

(4) $S = 0$，$R = 1 : Q = 0$，$\overline{Q} = 1$

(5) $S = R = 0 : Q = 0$，$\overline{Q} = 1$ を保持

(6) $S = 1$，$R = 0 : Q = 1$，$\overline{Q} = 0$

(7) $S = R = 1 : Q = \overline{Q} = 1$

(8) $S = 0$，$R = 1 : Q = 0$，$\overline{Q} = 1$

(9) $S = 0$，$R = 0 : Q = 0$，$\overline{Q} = 1$ を保持

③ 図 9.13 のタイムチャートが得られる．なお，(7) は不定であるので，その部分の Q，$\overline{Q}$ の領域に斜線を入れる．

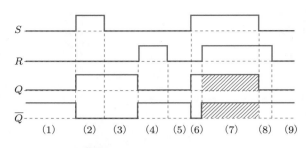

S

R

Q

$\overline{Q}$

(1) (2) (3) (4) (5)(6) (7) (8) (9)

図9.13 SRラッチのタイムチャート

例題 9.2

SRラッチでは入力 $S = R = 1$ で $Q = \overline{Q} = 1$ となるため，使用を禁止している．そこで，入力が $S = R = 1$ のとき，出力 Q がリセット状態になるリセット優先（R優先）SRラッチを構成したい．

SRラッチを制御する回路を図9.14（a）のように設け，新たな入力を S_r，R_r とする．入力 S_r，R_r で出力が Q，$\overline{Q}$ となり，その出力になるためのSRラッチの入力を S，R として図（b）の真理値表を完成せよ．SRラッチの入力 S，R の論理式を S_r，R_r から求め，制御回路を構成せよ．

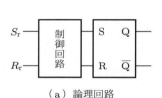

S_r	R_r	Q	$\overline{Q}$	S	R
0	0	Q_0	$\overline{Q_0}$		
0	1				
1	0				
1	1	0	1		

（a）論理回路 （b）真理値表

図9.14 リセット優先（R優先）SRラッチ

解

①入力が $S_r = R_r = 1$ のとき出力をリセットしたいから，そのときの出力が $Q = 0$，$\overline{Q} = 1$ であり，他の入力ではSRラッチとして動作するように S_r，R_r に対する Q，$\overline{Q}$ の状態を図9.14（b）に記入する．

② Q，$\overline{Q}$ を出力するためのSRラッチの入力 S，R の状態を図（b）に記入する．

③図9.15（a）の真理値表が得られる．

④SRラッチへの入力 S，R の論理式を S_r，R_r から求める．

$S = 1$ に着目する：$S = S_r \overline{R_r}$

$R = 1$ に着目する：$R = \overline{S_r}R_r + S_r R_r = R_r(\overline{S_r} + S_r) = R_r$

⑤論理式から論理回路を構成する．

⑥図（b）のリセット優先SRラッチが得られる．

S_r	R_r	Q	$\overline{Q}$	S	R
0	0	Q_0	$\overline{Q_0}$	0	0
0	1	0	1	0	1
1	0	1	0	1	0
1	1	0	1	0	1

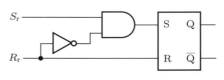

（a）真理値表　　　　　　　　　　（b）論理回路

図9.15　リセット優先（R優先）SRラッチ

例題 9.3　外部制御信号 CK に同期して，$CK = 1$ のときには SR ラッチとして動作し，$CK = 0$ のときには入力に関係なく現在の出力状態を保持する同期型 SR ラッチを構成したい．SR ラッチを制御する回路を図9.16（a）のように設け，新たな入力を S_c，R_c，CK とする．CK と入力 S_c，R_c とで出力が Q，$\overline{Q}$ になり，その出力になるための SR ラッチの入力を S，R として，図（b）の真理値表を完成せよ．SR ラッチの入力 S，R の論理式を CK，S_c，R_c から求め，制御回路を構成せよ．

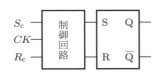

CK	S_c	R_c	Q	$\overline{Q}$	S	R
0	x	x	Q_0	$\overline{Q_0}$		
1	0	0				
	0	1				
	1	0				
	1	1				

x：don't care

（a）論理回路　　　　　　　　　　（b）真理値表

図9.16　同期型 SR ラッチ

図9.16（b）にすでに記入してある状態は，

$CK = 0$：S_c，R_c に関係なく（x：don't care）現在の出力状態 Q_0，$\overline{Q_0}$ を保持している．

$CK = 1$：S_c，R_c のすべての入力の組合せである．

解
① $CK = 0$：S，R を求める．

② 図9.16（b）に $CK = 1$ のとき入力 S_c，R_c で SR ラッチとして動作する出力 Q，$\overline{Q}$ を記入し，次に Q，$\overline{Q}$ を出力するための SR ラッチの入力 S，R の状態を記入する．

③ 図9.17（a）の真理値表が得られる．

④ SR ラッチの入力 S，R の論理式を CK，S_c，R_c から求める．

CK	S_c	R_c	Q	$\overline{Q}$	S	R
0	x	x	Q_0	$\overline{Q_0}$	0	0
	0	0	Q_0	$\overline{Q_0}$	0	0
	0	1	0	1	0	1
1	1	0	1	0	1	0
	1	1	1	1	1	1

x: don't care

（a）真理値表

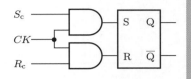

（b）同期型 SR ラッチの構成

図 9.17　同期型 SR ラッチ

$S = 1$ に着目する：$S = CKS_c\overline{R_c} + CKS_cR_c = CKS_c(\overline{R_c} + R_c) = CKS_c$

$R = 1$ に着目する：$R = CK\overline{S_c}R_c + CKS_cR_c = CKR_c(\overline{S_c} + S_c) = CKR_c$

⑤論理式から論理回路を構成する．

⑥図（b）の同期型 SR ラッチが得られる．このような回路はまた SR フリップフロップ（SR flip-flop）ともいう．

図 9.8（a）に示した NAND 型 SR ラッチの入力側の NOT ゲートを取り去ったラッチを図 9.18（a）に示す．入力に $\overline{S}$, $\overline{R}$ を付ける．このようなラッチを $\overline{S}\overline{R}$ ラッチという．入力の論理を整合するために，AND 機能を OR 機能に変換した回路を図（b）に示す．$\overline{S}\overline{R}$ ラッチの真理値表を前述した図 9.9 の回路動作解析手順に従って求めると，図 9.18（c）が得られる．図（d）に $\overline{S}\overline{R}$ ラッチの論理記号を示す．

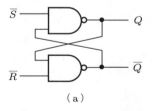

（a）

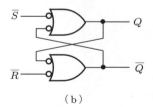

（b）

$\overline{S}$	$\overline{R}$	Q	$\overline{Q}$	状態
0	0	1	1	不定, 禁止 (inhibit)
0	1	1	0	セット (set, preset)
1	0	0	1	リセット (reset, clear)
1	1	Q_0	$\overline{Q_0}$	現在の状態を記憶 (no change)

（c）真理値表

（d）論理記号

図 9.18　$\overline{S}\overline{R}$ ラッチ

　図9.7のNOR型ラッチの入力側をS, R, その出力を$\overline{Q}$, QとしたNOR型SRラッチを図9.19（a）に示す（出力Q, $\overline{Q}$の位置が図9.8のSRラッチと異なっていることに注意する）. 回路動作を以下に示す.

① $S = 1$（$R = 0$）: $\overline{Q} = 0$になり, $\overline{Q} = 0$, $R = 0$とから$Q = 1$を出力する.

② $R = 1$（$S = 0$）: $Q = 0$になり, $Q = 0$, $S = 0$とから$\overline{Q} = 1$を出力する.

③ $S = R = 0$で現在の出力を保持する.

④ $S = R = 1$のとき, $Q = \overline{Q} = 0$を出力する.

このことから, 図9.19（b）の真理値表が得られる. 図（b）がNOR型SRラッチの真理値表である.

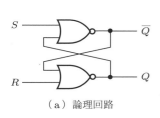

S	R	Q	$\overline{Q}$	状態
0	0	Q_0	$\overline{Q_0}$	現在の状態を記憶（no change）
0	1	0	1	リセット（reset, clear）
1	0	1	0	セット（set, preset）
1	1	0	0	不定, 禁止（inhibit）

（a）論理回路　　　　　　　　　　（b）真理値表

図9.19　NOR型SRラッチ

9.2.2 Dラッチ

　ゲート信号（gate, 以下Gと記す）が$G = 1$の間, 入力信号Dをそのまま出力し, Gが$1 \rightarrow 0$になるときのDの出力状態を保持する二安定回路をDラッチ（data latch, delay latch）という. 図9.20（a）にDラッチの真理値表, 図（b）に論理記号を示す. $G = 0$のときは, Dの状態にかかわりなく現在の出力状態を保持する.

G	D	Q
0	x	Q_0
1	0	0
	1	1

x: don't care

（a）真理値表　　　　　（b）論理記号

図9.20　Dラッチ

　図9.20（a）のDラッチの真理値表を$Q_0 = 0$の場合と$Q_0 = 1$の場合に分けて図9.21（a）のように書き換え, $Q = 1$に着目してQ_0, G, Dから出力Qの特性方程式を求めるカルノー図を描くと, 図（b）になる.

Q_0	G	D	Q
0	0	x	0
	1	0	0
		1	1
1	0	x	1
	1	0	0
		1	1

x:don't care

（a）真理値表

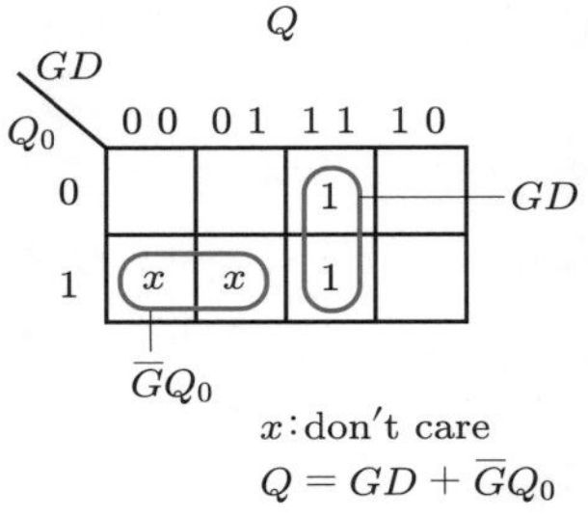

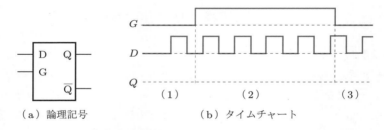

x:don't care

$Q = GD + \overline{G}Q_0$

（b）カルノー図

図 9.21　D ラッチ

図 9.21（b）のカルノー図から次式の D ラッチの特性方程式が得られる.

$$Q = GD + \overline{G}Q_0$$

例題 9.4　図 9.22 に示す D ラッチの入力に対する出力のタイムチャートを求めよ. なお, 出力の初期状態は $Q = 0$ である.

（a）論理記号

（b）タイムチャート

図 9.22　D ラッチのタイムチャートの作成

解　①論理記号は D ラッチであるから, $G = 1$ のとき D を出力し, $G = 1 \to 0$ になるときの D の状態を保持する.

②G, D の入力に対する出力のタイムチャートを完成させる. 出力の初期状態は $Q = 0$ である.

（1）$G = 0$：D にかかわらず $Q = 0$.

（2）$G = 1$：D をそのまま出力する.

（3）$G = 0$：$G = 1 \to 0$ になるときの D を保持するから $Q = 1$.

③図 9.23 のタイムチャートが得られる.

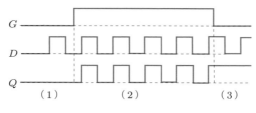

図 9.23 Ｄラッチのタイムチャート

例題 9.5

SR ラッチで D ラッチを構成したい．SR ラッチを制御する回路を図 9.24（a）のように設け，新たな入力を D, G とする．D ラッチの真理値表に D ラッチの出力 Q になるための SR ラッチの入力 S, R を図（b）に記入し，真理値表を完成せよ．SR ラッチの入力 S, R の論理式を G, D から求め，制御回路を構成せよ．

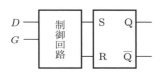

G	D	Q	S	R
0	x	Q_0		
1	0	0		
	1	1		

x:don't care

（a）論理回路 　　　　　　（b）真理値表

図 9.24 SR ラッチによる D ラッチ

解

①Q を出力するための SR ラッチの入力 S, R の状態を図 9.24（b）に記入する．ただし，$S = R = 1$ は使用しない．

②図 9.25（a）の真理値表が求められる．

③SR ラッチの入力 S, R の論理式を G, D から求める．

$S = 1$ に着目する：$S = GD$

$R = 1$ に着目する：$R = G\overline{D}$

④論理式から論理回路を構成する．

⑤図（b）の SR ラッチによる D ラッチが得られる．

G	D	Q	S	R
0	x	Q_0	0	0
1	0	0	0	1
	1	1	1	0

x:don't care

（a）真理値表 　　　　　　（b）論理回路

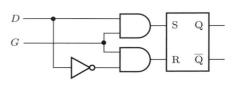

図 9.25 SR ラッチによる D ラッチ

9.3 フリップフロップ

1または0を安定状態とする二安定回路は1ビットの記憶素子である．この二安定回路を多段接続して，順次入力の個数を記憶することができれば，n 段で n ビットのカウンタ（計数器）が構成できる．

二安定回路であるSRラッチは1ビットの記憶素子である．これを2段接続した回路を図9.26に示す．出力の初期状態を $Q_A = Q_B = 0$ とする．1段目の入力に $A = 1$, $B = 0$ を加えると1段目が $Q_A = 0 \rightarrow 1$ となって1をカウントするが，同時にこの出力が次段の入力となり，すぐに2段目も $Q_B = 0 \rightarrow 1$ になって数をカウントすることができない．このように，単にSRラッチを多段接続したのでは入力の情報がそのまま次段に筒抜けになる．このような現象をレース（race）とかレーシング（racing）現象という．

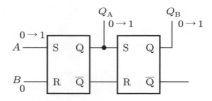

図 9.26 SRラッチの2段接続

SRラッチの多段接続に見られるようなレーシング現象の生じない二安定回路が外部制御信号，すなわちクロックパルスで駆動するフリップフロップ（flip-flop）である．以後，フリップフロップをFF，クロックパルス（clock pulse）を CK と記すことにする．

FFは CK で駆動するから，CK の波形，および CK に対する入出力波形を定義する必要がある．図9.27（a）に CK 波形の外形名称を示す．CK の振幅が0から増加する方向を CK の立ち上がりとか，前縁，ポジティブエッジ（positive edge），リーディングエッジ（leading edge）などといい，最大振幅から減少する方向を CK の立ち下がりとか，後縁，ネガティブエッジ（negative edge），トレイリングエッジ（trailing edge）などという．

CK の時間軸を拡大した図を図9.27（b）に示す．CK の立ち上がりにおいて最大振幅の10［%］から90［%］になる時間を CK の立ち上がり時間（rise time）t_r，CK の立ち下がりにおいて最大振幅の90［%］から10［%］になる時間を立ち下がり時間（fall time）t_f という．CK が立ち上がって最大振幅の50［%］になる時間と，立ち下

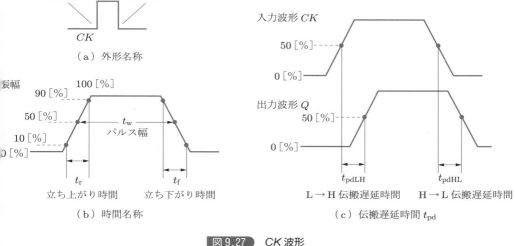

図 9.27　CK 波形

がって最大振幅の 50〔％〕になる時間との時間幅をパルス幅（pulse width）t_w という.

　図 9.27（c）に CK に対する出力の応答の様子を示す. 応答時間は CK の動作に対してどれだけ遅れて出力が変化するかを表し, CK が最大振幅の 50〔％〕になった時間から出力が最大振幅の 50〔％〕に変化した時間との時間幅をいう. これを伝搬遅延時間（propagation delay time）t_{pd} という. FF の t_{pd} は 74AS112 の場合, 最大 4〔ns〕である. 伝搬遅延時間は FF を他の回路と同期をとって高速動作させる場合, 素子間の時間差や多段接続で生じる累積時間遅れなどが回路の誤動作の原因にもなるため, 回路設計時には注意が必要である.

　FF を CK による回路動作で分けると, マスタスレーブ型 FF とエッジトリガ型 FF になる. マスタスレーブ型 FF はマスタラッチとスレーブラッチの 2 段で構成され, それぞれが時間的に分けられて動作する FF である. エッジトリガ型 FF は CK のエッジで動作する. エッジトリガ型 FF には CK の立ち上がりで動作するポジティブエッジトリガ型 FF と, CK の立ち下がりで動作するネガティブエッジトリガ型 FF がある.

　FF は CK に同期して動作するため, CK に対して FF が確実に動作するデータ D の入力時間条件を守る必要がある. 図 9.28 に各種 FF の CK に対するデータの入力時間条件を示す. 青い線はデータの入力期間, 青い矢印は出力が遷移する時間帯を示している. t_{su}（setup time）はデータが確実に取り込まれるために前もって入力しておく時間, t_{hold}（hold time）は回路が動作を完了するまでデータを保持しておく時間

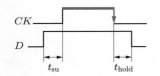
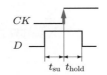

7473 t_{su} : min 15 ～ 25 [ns]　74109 t_{su} : min 3 ～ 25 [ns]　74112 t_{su} : min 3 ～ 25 [ns]
　　　 t_{hold} : min 0 ～ 5 [ns]　　　　 t_{hold} : min 0 ～ 5 [ns]　　　　 t_{hold} : max 0 ～ 1.5 [ns]
　　　 t_{pd} : max 19 ～ 45 [ns]　　　 t_{pd} : max 9 ～ 44 [ns]　　　 t_{pd} : max 4 ～ 50 [ns]
　　　 f : max 21 ～ 30 [MHz]　　　 f : max 21 ～ 105 [MHz]　　　 f : min 21 ～ 175 [MHz]

（a）マスタスレーブ型　　（b）ポジティブエッジトリガ　（c）ネガティブエッジトリガ
　　フリップフロップ　　　　型フリップフロップ　　　　型フリップフロップ

図 9.28　CK に対するデータ D の入力時間条件

である．図中に各種 FF の数値例を示している．

　各 FF の CK に対するデータの入力時間と出力遷移状態は以下のとおりである．

- （a）：マスタスレーブ型 FF は CK が 1 の間にデータ D を読み込んで内部状態を決め，CK の立ち下がりで出力が遷移する．
- （b）：ポジティブエッジトリガ型 FF は CK が立ち上がる直前のデータ D を読み込み，CK の立ち上がりで出力が遷移する．
- （c）：ネガティブエッジトリガ型 FF は CK の立ち下がる直前のデータ D を読み込み，CK の立ち下がりで出力が遷移する．

　FF は CK で駆動され，t_{su} から t_{hold} の時間内で入出力論理を行った後，CK に対して t_{pd} 遅れて出力が遷移する．論理動作を行った後は，もはや入力を受け付けず，次の CK の入力まで出力状態を保持する回路構成になっている．

　FF の出力が CK のどの時間帯で遷移するかを表す記号を図 9.29 に示す．論理記号の CK に○印が付いているのは CK の立ち下がりで，○印が付いていない場合は CK の立ち上がりで出力が遷移することを表している．CK の記号の矢印は出力が遷移する時間帯を示している．

　PR（preset）は FF の出力を前もって 1 にセットする端子で，CLR は FF の出力を

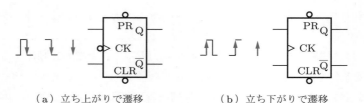

（a）立ち上がりで遷移　　　　　　（b）立ち下がりで遷移

図 9.29　論理記号と出力遷移表示記号

0にする端子である．この端子の○印は負論理を表し，$PR = 0$ を入力すると強制的に Q が1にセットされ，また $CLR = 0$ を入力すると強制的に Q が0にクリアされる．PR または CLR を実行した後は端子に1のレベルを入力してそれらの動作を解除し，FF を入力受付可能状態にする．

補足

● **シュミット・トリガインバータ**（Schmitt-trigger inverter）：信号の通過経路にはインダクタンス成分やコンデンサ成分があり，これにより信号の高周波成分が失われて波形がなだらかになったり，雑音（noise）が混入したりする．このような波形を整形したり，ある程度の雑音を除去したりするのにシュミット・トリガインバータが使用される．シュミット・トリガインバータ（CMOSIC 74HC14）の論理記号と入出力特性を図 9.30 (a) に示す．入出力特性は，入力電圧が 0 [V] から立ち上がって 3.14 [V] になると出力が1から0に遷移し，5 [V] から立ち下がって 1.25 [V] になると出力が0から1に遷移する，いわゆる，ヒステリシスを示す．このヒステリシス特性により，シュミット・トリガインバータ回路に，図 (b) に示すようななまったパルス信号が入力されると，入力電圧が 0 [V] から上昇して 3.14 [V] になって出力状態が1から0になる．次に入力電圧が下降して 1.25 [V] になって出力状態が0から1になる．その結果，図 (b) の下の波形のように整形された波形が得られる．このように，シュミット・トリガインバータのヒステリシス特性を利用することにより波形の整形ができることから，この回路は波形整形回路として利用される．

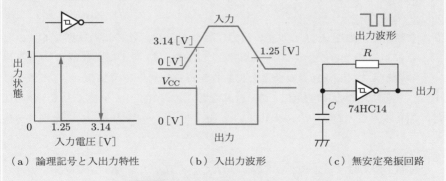

（a）論理記号と入出力特性　　　（b）入出力波形　　　（c）無安定発振回路

図 9.30 シュミット・トリガインバータ

スイッチを ON または OFF にしたとき，接点が完全に閉じるまでの間に接点では機械的振動が生じる．このために数百 [μs]〜数十 [ms] の間電気的断続雑音信号が発生する．この現象をチャタリング（chattering）という．このような雑音を吸収するために，シュミット・トリガインバータ回路の入力側にコンデンサ C と抵抗 R による CR の積分回路を付加した回路がチャタリング雑音防止回路として使用される．CMOS IC は入力抵抗が高いので外付け R を数百 [kΩ] を選ぶことができ，CR の時定数を大きくとることができる．また，チャタリング防止回路は $\overline{SR}$ ラッチで構成することができる．これについては【演習問題 9.5】で求めることにする．

CK の発生回路としては数 MHz の高精度な水晶振動子による発信回路が用いられるが，少々精度・安定性には劣るものの用途に応じては簡単な回路で構成できるシュミット・トリガインバータ回路による CR 無安定（astable）発信回路が用いられる．図 9.30（C）にシュミット・トリガインバータによる CR 無安定発信回路を示す．シュミット・トリガインバータ 74HC14，電源電圧 6 [V] の場合，外付けの C と R の積で発振周波数が定まり，$f = 1/T = 1/(0.8\,CR)$ [Hz] の方形波が簡単に得られる．

（CMOS IC 74HC14: Philips semiconductor DATA SEET 参照）

9.3.1 JK-FF

SR ラッチを二安定回路として使用する場合，入力 $S = R = 1$ は $Q = \overline{Q} = 1$ になるため，使用禁止であった．そこで，$S = R = 1$ のとき，現在の出力状態が反転する新たな機能をもった SR ラッチを構成してみよう．このような反転動作をトグル（toggle）という．

新たな回路の入力を J，K，現在の出力状態を Q_0，$\overline{Q_0}$，次の出力状態を Q，$\overline{Q}$ とする．$J = K = 1$ のとき，$Q_0 = 0$ であれば $Q = 1$ を，$Q_0 = 1$ であれば $Q = 0$ を出力し，その他の入力では SR ラッチとして動作する真理値表を図 9.31（a）のように作成する．さらに，この真理値表に Q，$\overline{Q}$ になるための SR ラッチの入力 S，R の状態を付け加える．この Q_0，J，K から求めた SR ラッチへの入力 S，R の論理式を次式に示す．

$$S = 1 \text{に着目する}：S = J\overline{K}\,\overline{Q_0} + JK\,\overline{Q_0} = J\overline{Q_0}(\overline{K} + K) = J\overline{Q_0}$$
$$R = 1 \text{に着目する}：R = \overline{J}KQ_0 + JKQ_0 = KQ_0(\overline{J} + J) = KQ_0$$

これを回路化すると，図（b）になる．

Q_0 $\overline{Q_0}$		J	K	Q	$\overline{Q}$	S	R
0	1	0	0	0	1	0	0
		0	1	0	1	0	0
		1	0	1	0	1	0
		1	1	1	0	1	0
1	0	0	0	1	0	0	0
		0	1	0	1	0	1
		1	0	1	0	0	0
		1	1	0	1	0	1

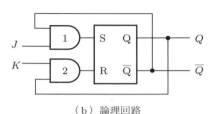

（a）真理値表　　　　　　　　　（b）論理回路

図 9.31　SR ラッチによるトグル動作と非安定動作

　図 9.31（b）の回路の $J = K = 1$ における回路動作を解析してみよう.
①初期状態を $Q_0 = 0$, $\overline{Q_0} = 1$ とすると, SR ラッチへの入力は

　　AND ゲート 1：$J = 1$, $\overline{Q_0} = 1$ とから出力は 1 になり, $S = 1$

　　AND ゲート 2：$K = 1$, $Q_0 = 0$ とから出力は 0 になり, $R = 0$

になる. これらを入力とした SR ラッチは $Q = 0 \to 1$, $\overline{Q} = 1 \to 0$ に反転する.
② $Q = 1$, $\overline{Q} = 0$ が入力側に帰還すると, SR ラッチへの入力は

　　AND ゲート 1：$J = 1$, $\overline{Q_0} = 0$ とから出力は 0 になり, $S = 0$

　　AND ゲート 2：$K = 1$, $Q_0 = 1$ とから出力は 1 になり, $R = 1$

になる. これらを入力とした SR ラッチは $Q = 1 \to 0$, $\overline{Q} = 0 \to 1$ に反転し, ①の状態に戻る.

　この結果, $J = K = 1$ が入力されているかぎり, 上記の①⇄②の状態を繰り返すことになり, Q には順次 $0 \to 1 \to 0 \to 1$ が出力され続ける. つまり, 単に SR ラッチに帰還回路を付加しただけでは SR ラッチにトグル動作を行わせることはできても, $J = K = 1$ が入力されているかぎり非安定な異常発振状態に陥り, 二安定回路として使用することができない. この異常発振を止めるには, 出力信号が入力側に帰還したときには, もはや SR ラッチが入力を受け付けない回路状態でなければならない.

　$J = K = 1$ で異常発振せずにトグル動作をし, その他の入力では CK に同期した SR ラッチとして動作する二安定回路が, CK で動作する JK-FF である.

　JK-FF には, マスタスレーブ型 JK-FF（MS JK-FF）とエッジトリガ型 JK-FF があり, エッジトリガ型 JK-FF にはポジティブエッジトリガ型 JK-FF とネガティブエッジトリガ型 JK-FF などがある. これらの動作については順次以下で学ぶ.

(1) MS JK-FF（master-slave JK-FF）

マスタスレーブ型 JK-FF（MS JK-FF）は前段のマスタラッチ（master latch）と後段のスレーブラッチ（slave latch）の2段で構成され，各ラッチの動作が時間的に分けられている．

図9.32にMS JK-FFの構成図とマスタラッチとスレーブラッチの動作時間関係を示す．

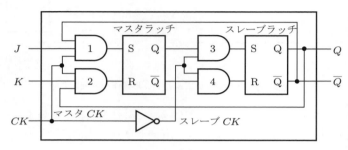

（a）論理回路

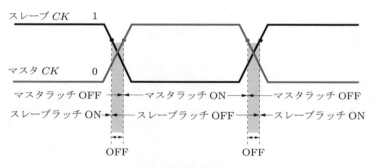

（b）動作時間関係

図 9.32　MS JK-FF

図9.32（a）の各ラッチは CK に対して以下の動作を行う．

① $CK = 0$（マスタ $CK = 0$，スレーブ $CK = 1$）

● マスタラッチは保持状態，スレーブラッチは動作状態になる．

● マスタラッチの出力がスレーブラッチに入力され，Q，$\overline{Q}$ を出力する．

● 出力 Q，$\overline{Q}$ が入力側に帰還してもマスタ $CK = 0$ のため，マスタラッチは動作していないから入力が変化しても Q，$\overline{Q}$ を保持している．

② $CK = 1$（マスタ $CK = 1$，スレーブ $CK = 0$）

● マスタラッチは動作状態，スレーブラッチは保持状態になる．

●出力 Q, $\overline{Q}$ と入力 J, K によりマスタラッチの出力が決定される.

$Q = 0$, $\overline{Q} = 1$ のとき,

AND ゲート 2：$Q = 0$ であるから，K によらず 0 を出力する.

AND ゲート 1：$CK = 1$, $\overline{Q} = 1$ であるから，一度でも $J = 1$ になれば 1 を出力

　　　　　　　し，マスタラッチを 1 にセットする.

$Q = 1$, $\overline{Q} = 0$ のとき,

AND ゲート 1：$\overline{Q} = 0$ であるから，J によらず 0 を出力する.

AND ゲート 2：$CK = 1$, $Q = 1$ であるから，一度でも $K = 1$ になれば 1 を出力

　　　　　　　し，マスタラッチを 0 にクリアする.

③ $CK = 0$（マスタ $CK = 0$，スレーブ $CK = 1$）

●マスタラッチは保持状態，スレーブラッチは動作状態になる.

●マスタラッチの出力がスレーブラッチに入力され，Q, $\overline{Q}$ を出力する.

●出力信号が入力側に帰還してもマスタラッチは不動作状態であるから，入力が変化しても Q, $\overline{Q}$ を保持している.

　マスタラッチとスレーブラッチの動作を CK の ON，OFF で示した動作時間関係を図 9.32（b）に示す. マスタラッチとスレーブラッチがともに動作しない時間帯（OFF の時間帯）があり，これが情報の授受を確実にし，誤動作を防いでいる. 出力は CK の立ち下がりで遷移し，次の CK の立ち下がりまでその状態を保持する. このような回路構成にすることにより，$J = K = 1$ で CK に対してトグル動作を行い，かつ，回路が発振しない二安定回路となる.

　MS JK-FF は上記のように，$Q_0 = 0$ ならば $CK = 1$ の間に一度でも $J = 1$ になれば CK の立ち下がりで $Q = 1$ を，$Q_0 = 1$ ならば $CK = 1$ の間に一度でも $K = 1$ になれば CK の立ち下がりで $Q = 0$ を出力する. このため，入力データは特別な利用を除いて，図 9.28（a）に示したように $CK = 1$ の前後も含めて十分な期間加えておく必要がある.

　図 9.33 に 7473（MS JK-FF）の回路を示す. AND ゲート 1, 2, 9, 10, NOR ゲート 3, 4 がマスタラッチとして，NAND ゲート 7, 8 がスレーブラッチとして，また AND ゲート 5, 6 とトランジスタ Tr とが CK に同期してマスタ側の情報をスレーブ側に伝達するスイッチとして動作する.

　図 9.34（a）に MS JK-FF の真理値表を，図（b）に論理記号を示す. CK の記号で青く描いた 1 のレベルの期間はこの間にデータを読み込むことを，また論理記号の CK の○印および CK の記号の矢印は出力が CK の立ち下がりで遷移することを表している. なお，$CK = 0$ のときは，入力状態にかかわらず現在の出力が保持される. データ D の入力時間条件の例として，74LS73（MS JK-FF）の値を図（c）に示す.

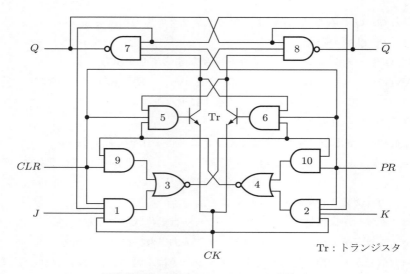

図 9.33 7473（MS JK-FF）の回路構成

CK	J	K	Q	$\overline{Q}$
0	x	x	Q_0	$\overline{Q_0}$
⊓	0	0	Q_0	$\overline{Q_0}$
	0	1	0	1
	1	0	1	0
	1	1	toggle	

x:don't care

（a）真理値表　（b）論理記号　（c）データ D の入力時間

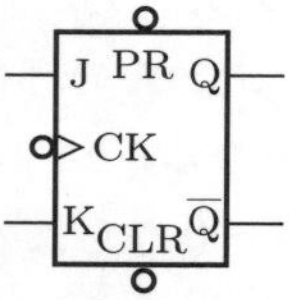

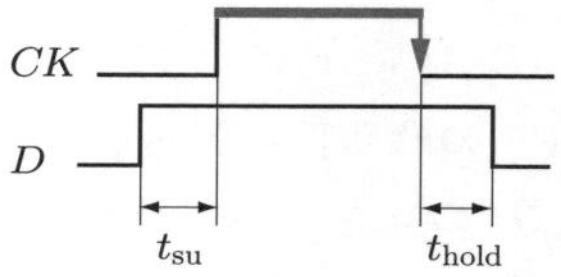

74LS73　t_{su} : min 20 [ns]
t_{hold} : max 0 [ns]
t_{pd} : max 20 [ns]
f : max 30 [MHz]

図 9.34 MS JK-FF

例題 9.6 図 9.35 に示す FF の入力に対する出力のタイムチャートを確認せよ．なお，出力

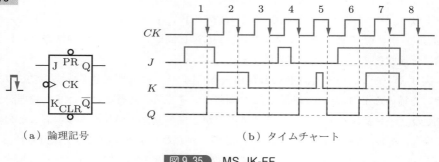

（a）論理記号　（b）タイムチャート

図 9.35 MS JK-FF

は前もってクリアされており，初期状態は $Q = 0$，$PR = 1$，$CLR = 1$ である．

解

① 論理記号は CK が 1 の間に J，K の入力を読み取り，CK の立ち下がりで出力が遷移する MS JK-FF である．

② CK 0：$J = K = 0$，$Q = 0$

　　1：$J = 1$，$K = 0$ であるから $Q = 0 \rightarrow 1$

　　2：$J = 0$，$K = 1$ であるから $Q = 1 \rightarrow 0$

　　3：$J = 0$，$K = 0$ であるから $Q = 0$ を保持

　　4：$Q = 0$ で $CK = 1$ の期間に $J = 1$ であるから $Q = 0 \rightarrow 1$

　　5：$Q = 1$ で $CK = 1$ の期間に $K = 1$ であるから $Q = 1 \rightarrow 0$

　　6：$J = 1$，$K = 0$ であるから $Q = 0 \rightarrow 1$

　　7：$J = 1$，$K = 1$ であるから $Q = 1 \rightarrow 0$（トグル動作）

　　8：$J = 0$，$K = 0$ であるから $Q = 0$ を保持

(2) ポジティブエッジトリガ型 JK-FF（positive edge-triggered JK-FF）

　ポジティブエッジトリガ型 JK-FF は，CK が立ち上がる直前の入力を読み込み，CK の立ち上がりで出力が遷移し，次の CK の立ち上がりまでその出力状態を保持する JK-FF である．図 9.36 (a) にポジティブエッジトリガ型 JK-FF の真理値表を，図 (b) に論理記号を示す．CK の記号で青く描いた領域はこの間にデータを読み込むことを，CK の矢印は出力が CK の立ち上がりで遷移することを表している．データ D の入力時間条件の例として，74AS109（ポジティブエッジトリガ型 JK-FF）の値を図 (c) に示す．少なくとも CK が立ち上がる 5.5 [ns] 前にはデータを入力しておく必要がある．

CK	J	K	Q	$\overline{Q}$
0	x	x	Q_0	$\overline{Q_0}$
	0	0	Q_0	$\overline{Q_0}$
	0	1	0	1
	1	0	1	0
	1	1	toggle	

x：don't care

（a）真理値表　　（b）論理記号　　（c）データ D の入力時間

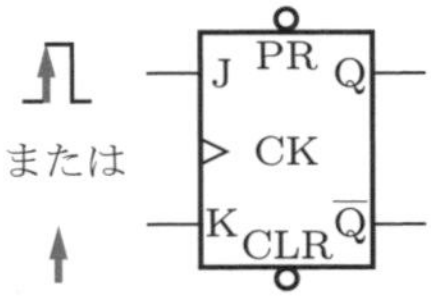

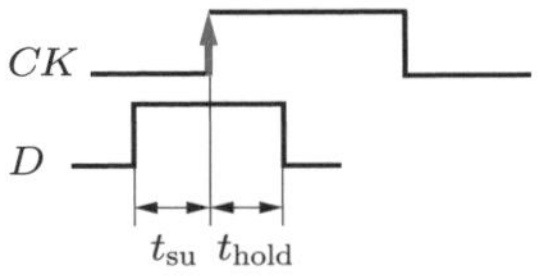

74AS109　t_{su} ：min 5.5 [ns]
　　　　　t_{hold} ：min 0 [ns]
　　　　　t_{pd} ：max 9 [ns]
　　　　　f ：max 105 [MHz]

図 9.36 ポジティブエッジトリガ型 JK-FF

　図 9.37 に，74109（ポジティブエッジトリガ型 JK-FF）の PR と CLR の回路を省いた回路を示す．入力の論理値は Y_3 に出力される．CK が 0 のときは，$Y_5 = Y_6 = 1$ であるから出力は Q_0，$\overline{Q_0}$ のままである．CK が 0 から 1 になると，Y_5，Y_6 が Y_3 の状

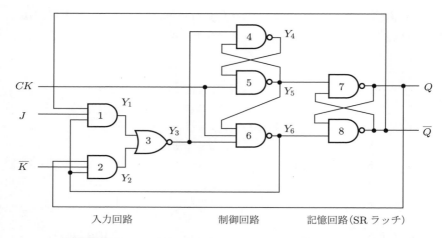

図 9.37 74109（ポジティブエッジトリガ型 JK-FF）の回路構成

態で決まり，その後の Y_3（入力の状態）の変化には影響されない．つまり，出力は CK が 0 から 1 になる直前の入力で決定される．

例題 9.7 図 9.38 に示す FF の入力に対する出力のタイムチャートを確認せよ．初期状態は $Q = 0$ であり，$PR = 1$，$CLR = 1$ である．

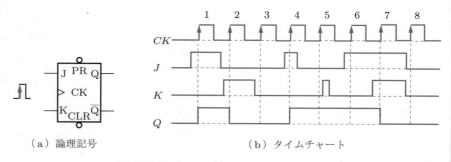

（a）論理記号 　　　　（b）タイムチャート

図 9.38 ポジティブエッジトリガ型 JK-FF

解 ①論理記号は CK の立ち上がりで J，K の入力を読み取り，CK の立ち上がりで出力が遷移するポジティブエッジトリガ型 JK-FF である．

②CK 0：$J = K = 0$，$Q = 0$

　　　1：$J = 1$，$K = 0$ であるから $Q = 0 \rightarrow 1$

　　　2：$J = 0$，$K = 1$ であるから $Q = 1 \rightarrow 0$

　　　3：$J = 0$，$K = 0$ であるから $Q = 0$ を保持

　　　4：$J = 1$，$K = 0$ であるから $Q = 0 \rightarrow 1$

　　　5：$J = 0$，$K = 0$ であるから $Q = 1$ を保持

6：$J=1$，$K=0$ であるから $Q=1$

7：$J=1$，$K=1$ であるから $Q=1\to 0$（トグル動作）

8：$J=0$，$K=0$ であるから $Q=0$ を保持

(3) ネガティブエッジトリガ型 JK-FF（negative edge-triggered JK-FF）

ネガティブエッジトリガ型 JK-FF は CK が立ち下がる直前の入力を読み込み，CK の立ち下がりで出力が遷移し，次の CK の立ち下がりまでその出力状態を保持する JK-FF である．図 9.39（a）にネガティブエッジトリガ型 JK-FF の真理値表を，図（b）に論理記号を示す．CK の記号で青く描いた領域はこの間にデータを読み込むことを，論理記号の CK の○印および CK の記号の矢印は出力が CK の立ち下がりで遷移することを表している．データ D の入力時間条件の例として，74AS112（ネガティブエッジトリガ型 JK-FF）の値を図（c）に示す．

CK	J	K	Q	$\overline{Q}$
0	x	x	Q_0	$\overline{Q_0}$
	0	0	Q_0	$\overline{Q_0}$
	0	1	0	1
	1	0	1	0
	1	1	toggle	

x：don't care

（a）真理値表

J
PR
Q
CK
K
CLR
$\overline{Q}$
または

（b）論理記号

CK
D
t_{su} t_{hold}
74AS112 t_{su} ：min 0［ns］
t_{hold}：min 0［ns］
t_{pd} ：max 4［ns］
f ：max 175［MHz］

（c）データ D の入力時間

図 9.39 ネガティブエッジトリガ型 JK-FF

図 9.40 に 74AS112（ネガティブエッジトリガ型 JK-FF）の回路を示す．NOR ゲート 7，8 と AND ゲート 3，4，5，6 の回路でラッチを構成し，NAND ゲート 1，2 の動

Q
PR
K
$\overline{Q}$
CLR
J
CK
1
2
3
4
5
6
7
8

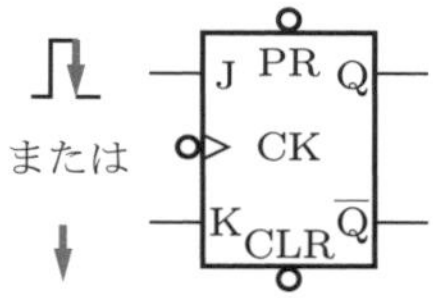

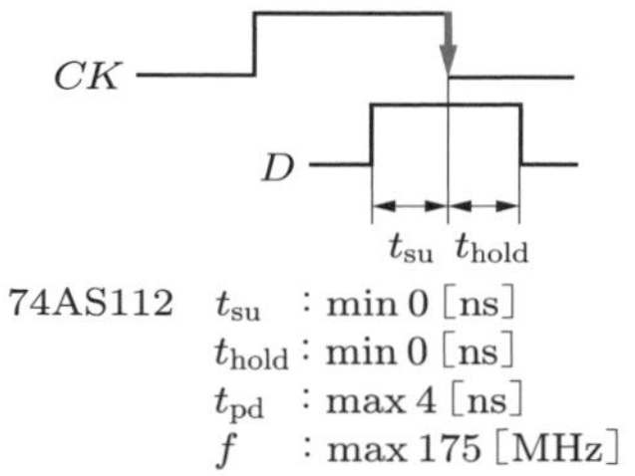

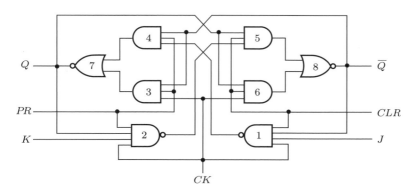

図 9.40 74AS112（ネガティブエッジトリガ型 JK-FF）の回路構成

作時間遅れを利用して，CK が 1 から 0 に立ち下がる直前の入力で出力が決定される．

| 例題 9.8 | 図 9.41 に示す FF の入力に対する出力のタイムチャートを確認せよ．なお，初期状態は $Q = 0$ であり，$PR = 1$，$CLR = 1$ である． |

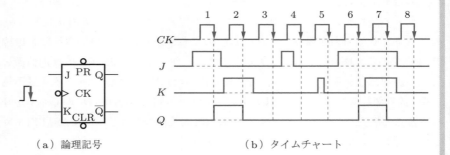

（a）論理記号　　　　　　　　（b）タイムチャート

図 9.41　ネガティブエッジトリガ型 JK-FF

| 解 | ①論理記号は CK の立ち下がりで J，K の入力を読み取り，CK の立ち下がりで出力が遷移するネガティブエッジトリガ型 JK-FF である． |

②CK 0：$J = K = 0$，$Q = 0$

　　　 1：$J = 1$，$K = 0$ であるから $Q = 0 \to 1$

　　　 2：$J = 0$，$K = 1$ であるから $Q = 1 \to 0$

　　　 3：$J = 0$，$K = 0$ であるから $Q = 0$ を保持

　　　 4：$J = 0$，$K = 0$ であるから $Q = 0$ を保持

　　　 5：$J = 0$，$K = 0$ であるから $Q = 0$ を保持

　　　 6：$J = 1$，$K = 0$ であるから $Q = 0 \to 1$

　　　 7：$J = 1$，$K = 1$ であるから $Q = 1 \to 0$（トグル動作）

　　　 8：$J = 0$，$K = 0$ であるから $Q = 0$ を保持

(4) JK-FF の特性方程式

図 9.42（a）に示す JK-FF の真理値表を図（b）のように書き換える．$Q = 1$ に着目して Q_0，J，K のカルノー図を図（c）のように描き，JK-FF の特性方程式を求めると次式が得られる．

$$CK = 1 : Q = \overline{K}Q_0 + J\overline{Q_0} \qquad (CK = 0 : Q = Q_0)$$

9.3.2 D-FF

D-FF は，CK が立ち上がる直前のデータ D を読み込み，出力を遷移し，次の CK の立ち上がりまでその状態を保持する FF である．図 9.43（a）に D-FF の真理値表を，図（b）に論理記号を示す．CK の記号表示で青く描いた領域はこの間にデータを

Q_0	J	K	Q	$\overline{Q}$
	0	0	0	1
0	0	1	0	1
	1	0	1	0
	1	1	1	0
	0	0	1	0
1	0	1	0	1
	1	0	1	0
	1	1	0	1

J	K	Q	$\overline{Q}$
0	0	Q_0	$\overline{Q_0}$
0	1	0	1
1	0	1	0
1	1	toggle	

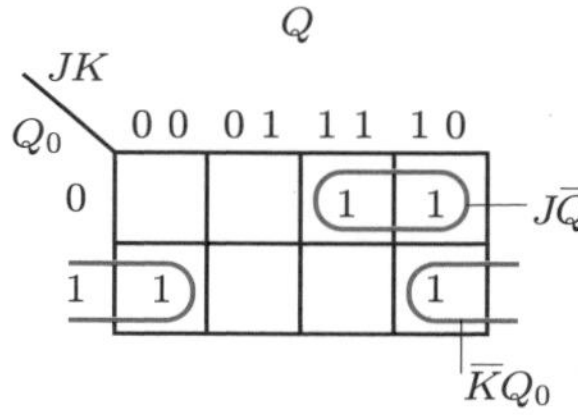

$$Q = \overline{K}Q_0 + J\overline{Q_0}$$

（a）真理値表　　（b）書き換え　　（c）カルノー図

図 9.42　JK-FF の特性方程式

CK	D	Q	$\overline{Q}$
0	x	Q_0	$\overline{Q_0}$
⊓	0	0	1
	1	1	0

x：don't care

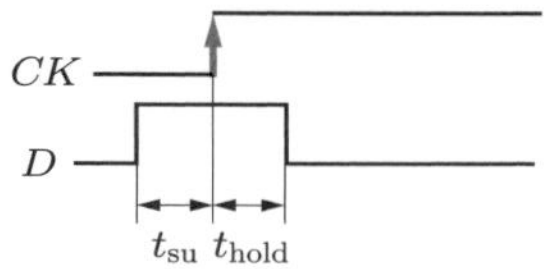

74ACT74　t_{su}：min 3.5 [ns]
t_{hold}：max 1.0 [ns]
t_{pd}：max 11.5 [ns]
f：max 125 [MHz]

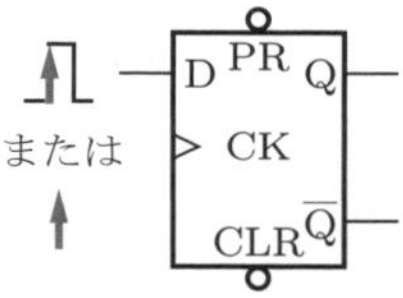

（a）真理値表　　（b）論理記号　　（c）データ D の入力時間

図 9.43　D-FF

読み込むことを，CK の矢印は出力が CK の立ち上がりで遷移することを表している．データ D の入力時間条件の例として，74ACT74（D-FF）の値を図（c）に示す．

真理値表から求めた D-FF の特性方程式は次式となる．

$$CK = 1：Q = D \quad (CK = 0：Q = Q_0)$$

図 9.44 に PR，CLR 付き 7474（D-FF）の回路を示す．$CK = 0$ のときは D にかかわらず $Y_2 = Y_3 = 1$ となり，出力は $Q_0, \overline{Q_0}$ のままである．CK が 0 から 1 になると，D により Y_2, Y_3 が決定され，その後の D の変化には影響されない．

D-FF は JK-FF で構成することができる．$CK = 1$ における D-FF の D の入力に対する Q に，この Q になるための J, K の入力状態を付け加えた真理値表を図 9.45（a）に示す．図（a）の真理値表から $J = 1$，$K = 1$ に着目して JK-FF への入力 J, K の論理式を求めると，次式となる．

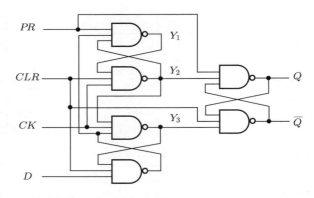

図 9.44　PR，CLR 付き 7474（D-FF）の回路構成

D	Q	J	K
0	0	0	1
1	1	1	0

（a）真理値表　　　　　　（b）論理回路

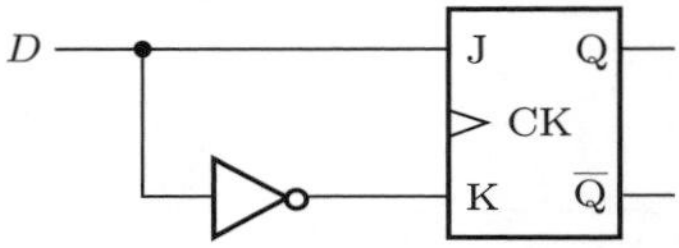

図 9.45　JK-FF による D-FF

$$J = D, \ K = \overline{D}$$

　$J = D$，$K = \overline{D}$ の回路を JK-FF の入力に付加することで，JK-FF による D-FF が構成できる．図 9.45（b）に JK-FF による D-FF を示す．

例題 9.9　図 9.46 に示す FF の入力に対する出力のタイムチャートを確認せよ．なお，初期状態は $Q = 0$ であり，$PR = 1$，$CLR = 1$ である．

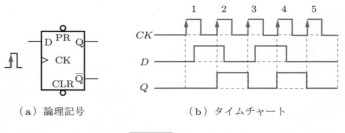

（a）論理記号　　　　　　　　　　（b）タイムチャート

図 9.46　D-FF

解　①論理記号は CK が立ち上がる直前のデータ D を読み込み，出力を遷移し，次の CK の立ち上がり時までその状態を保持する D-FF である．

②CK 0：$D = 0$, $Q = 0$

　　 1：$D = 0$であるから$Q = 0$を保持

　　 2：$D = 1$であるから$Q = 0 \rightarrow 1$

　　 3：$D = 0$であるから$Q = 1 \rightarrow 0$

　　 4：$D = 1$であるから$Q = 0 \rightarrow 1$

　　 5：$D = 0$であるから$Q = 1 \rightarrow 0$

例題 9.10　図9.47のように結線したD-FFのCKに対する出力Qのタイムチャートを示せ。なお，出力の初期状態は$Q = 0$である。

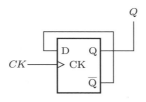

図9.47　D-FFのトグル動作

解　①回路動作

　　CK 1：$\overline{Q} = D = 1$であるから$Q = 0 \rightarrow 1$に遷移し，$\overline{Q} = D = 1 \rightarrow 0$となり，次の$CK$が入力されるまでその状態を保持している。

　　　　 2：$D = 0$であるから$Q = 1 \rightarrow 0$に遷移し，$\overline{Q} = D = 0 \rightarrow 1$となり，次の$CK$が入力されるまでその状態を保持している。

②次のCKに対しても同様の動作を繰り返す。

③図9.48のタイムチャートが得られる（D-FFのトグル動作）。なお，図中の矢印は出力が遷移するタイミングを示している。

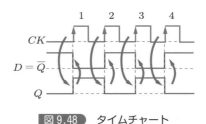

図9.48　タイムチャート

▌9.3.3 ▶ T-FF（toggle-FF，trigger-FF）

　T-FFは出力がCKで反転してトグル動作をするFFである。T-FFはJK-FFの$J = K = 1$を結線した回路や，図9.47のように結線したD-FFで構成することができる。論理記号は，CKが入力されるT端子と出力Qで表される。

演習問題

9.1 SR ラッチ，$\overline{\text{SR}}$ ラッチ，NOR 型 SR ラッチの回路を示せ．

9.2 SR ラッチ，$\overline{\text{SR}}$ ラッチの論理記号を書き，それぞれの真理値表を示せ．

9.3 図 9.49 の入力に対する回路の状態を求めよ．なお，図（a）は論理機能を OR 機能に変換した回路を描き，$\overline{S} = \overline{R} = 1$ の状態から $\overline{S} = 0$，$\overline{R} = 1$ を入力する．図（b）は $S = 1$，$R = 0$ のときの回路状態を求める．

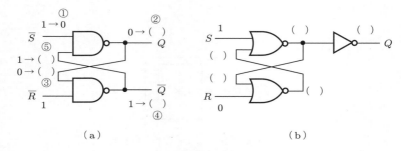

（a）   （b）

図 9.49

9.4 図 9.50 に示すラッチの入力に対する出力のタイムチャートを求めよ．

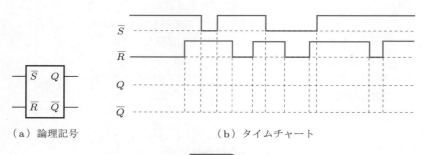

（a）論理記号   （b）タイムチャート

図 9.50

9.5 図 9.51 のスイッチ SW を切り換えると，接点では接触片のばね効果のために短時間の断続が起こり，電気的にはタイムチャートの B のような断続的なノイズが生じる．このような SW 投入時の現象をチャタリングという．このようなノイズの除去（チャタリング防止）のために接触片が接点に接触した時点でタイムチャートの Q のように 1 を出力する回路を $\overline{\text{SR}}$ ラッチで構成せよ．

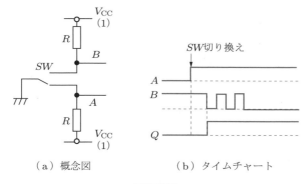

（a）概念図　　　　　　　　（b）タイムチャート

図9.51

9.6 図9.52（a）に示すラッチの入力に対する図（b）の出力のタイムチャートを求めよ.
なお，出力の初期状態は $Q = 0$ である.

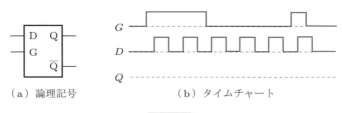

（a）論理記号　　　　　　　（b）タイムチャート

図9.52

9.7 $\overline{S}\,\overline{R}$ ラッチによる D ラッチを【例題9.5】にならって構成せよ. ただし, $\overline{S} = \overline{R} = 0$
は使用しない.

9.8 次の（　）に適語を入れよ.

FF は外部信号である CK に（　1　）して出力が遷移する. FF の種類には CK に
よる回路動作から（　2　）FF と（　3　）FF があり，さらに（　3　）FF には
（　4　）FF と（　5　）FF がある.

9.9 CK 波形について次の語を説明せよ.

（1） t_r　　（2） t_f　　（3） t_w　　（4） t_{pd}

9.10 図9.53の論理記号の FF 名および真理値表を示せ. CK の記号の青い線，および矢印
は何を表しているか説明せよ.

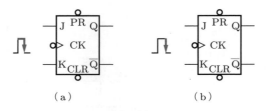

図 9.53

9.11 MS JK-FF の特徴を簡単な回路構成を示し，説明せよ．

9.12 図 9.54（a）～（c）に示す各 FF の入力に対する出力 Q_1 ～ Q_3 の図（d）のタイムチャートを求めよ．なお，初期状態は $Q = 0$ であり，$PR = 1$，$CLR = 1$ である．この問は【例題 9.6 ～ 9.8】の再確認である．

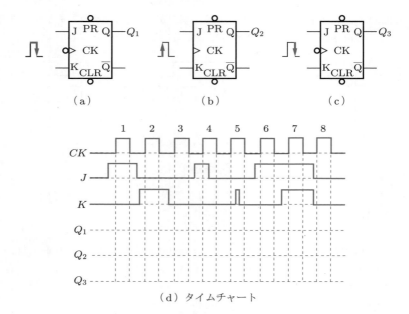

（d）タイムチャート

図 9.54

9.13 図 9.55（a）に示す FF の入力に対する図（b），（c）の出力のタイムチャートを求めよ．なお，初期状態は $Q = 0$ であり，$PR = 1$，$CLR = 1$ である．

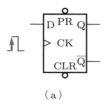

（a）

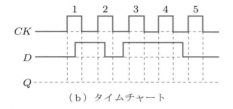

（b）タイムチャート

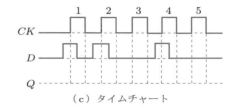

（c）タイムチャート

図 9.55

10 カウンタ

第9章で学んだフリップフロップを用いて入力の数を計数するカウンタを構成してみよう．この章では，非同期式カウンタ，同期式カウンタの構成方法や動作について学ぶ．

10.1 カウンタ

カウンタ（計数器, counter）は，図10.1のように入力の個数を一つずつ数える回路である．2進数によるカウンタを2進数カウンタとかバイナリカウンタ（binary counter）といい，N個目の入力で計数値が初期状態に戻るカウンタを2進数N進カウンタという．1が入力されるたびに計数値が1ずつ増加するカウンタを加算カウンタとかアップカウンタ（up counter）といい，1ずつ減少するカウンタを減算カウンタとかダウンカウンタ（down counter）という．また，制御信号でアップカウンタ動作とダウンカウンタ動作を切り換えて入力を1ずつ加算したり，1ずつ減算したりすることのできるカウンタを可逆カウンタ（reversible counter）とかアップダウンカウンタ（up-down counter）という．

図10.1 カウンタが2進数で101を計数した値の10進数表示

以後，本書では2進数N進カウンタを単にN進カウンタと記し，とくに断りのないかぎりN進カウンタはN進アップカウンタを指すものとする．

2進カウンタはまた1ビットバイナリカウンタ（1-bit binary counter）とか1ビットカウンタ（1-bit counter）ともいう．2ビットカウンタは2進カウンタが2段接続されて4進カウンタとして，また8ビットカウンタは2進カウンタが4段接続されて16進カウンタとして動作する．表10.1にQ_Aをカウンタの最下位の桁として，2，3，4，5進カウンタの入力数と出力（$Q_C \, Q_B \, Q_A$）の関係を示す．カウンタの出力は2進

表 10.1　入力の個数に対する N 進カウンタの出力

入力個数	2進カウンタ	3進カウンタ	4進カウンタ	5進カウンタ
CK	Q_A	$Q_B\,Q_A$	$Q_B\,Q_A$	$Q_C\,Q_B\,Q_A$
0	0	0　0	0　0	0　0　0
1	1	0　1	0　1	0　0　1
2	0	1　0	1　0	0　1　0
3	1	0　0	1　1	0　1　1
4		0　1	0　0	1　0　0
5			0　1	0　0　0
6				0　0　1

カウンタなら2個目，3進カウンタなら3個目，5進カウンタなら5個目の入力でそれぞれ表中のグレーで示す初期状態に戻る．

　カウンタには外部制御信号である CK に同期せずに計数する非同期式カウンタと CK に同期して計数する同期式カウンタがある．

　図 10.2 に，JK-FF が $J = K = 1$ で CK に対してトグル動作をする回路とタイムチャートを示す．なお，出力は前もってクリアされている．図中の矢印は出力が遷移するタイミングを示している．図 (b) のタイムチャートは出力 Q が CK の1個目で1，2個目で0，3個目で1，4個目で0になり，図 (a) の回路が2進カウンタとして動作していることを示している．

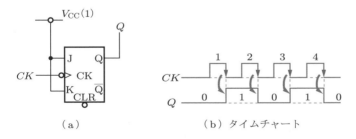

（a）　　　　　　　　　（b）タイムチャート

図 10.2　JK-FF の2進カウンタ

　【例題 9.10】に示した D-FF のトグル動作の回路とタイムチャートを再び図 10.3 に示す．$D = \overline{Q}$ を結線することにより，図 (b) のタイムチャートは出力 Q が CK の1個目で1，2個目で0，3個目で1，4個目で0になり，図 (a) の回路が2進カウンタとして動作していることを示している．

　このように，FF の1段は2進カウンタとして動作することから，FF を n 段接続す

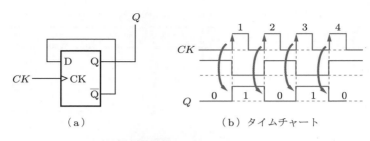

図 10.3 D-FF による 2 進カウンタ

ることにより，$N = 2^n$ 進までのカウンタが構成できる．FF の多段接続において，k個目の CK で下位の FF の出力が t_{pd} 遅れて遷移したときには，上位の FF はすでに下位の $k-1$ 個目の出力の読み込みを完了しており，k 個目の CK で遷移する下位の出力には影響されない．このため，FF を多段接続しても 9.3 節で示した SR ラッチの多段接続に見られるレーシング現象の発生もなく，情報が CK ごとに上位に送り込まれ，数を計数することができる．

表 10.2 に CK の立ち下がりで出力が遷移するカウンタの CK の入力数と出力（$Q_C$$Q_B Q_A$）のタイムチャートを示す．なお，$Q_A$ をカウンタの最下位の桁として図の下から上に向かって $Q_C Q_B Q_A$ の順に読み取る．CK の 1 ずつの増加に対して順次計数

表 10.2 入力の個数に対するカウンタの出力状態

入力 CK / カウンタ		0	1	2	3	4	5	6
2 進カウンタ	Q_A	0	1	0	1			
3 進カウンタ	Q_A	0	1	0	0	1		
	Q_B	0	0	1	0	0		
4 進カウンタ	Q_A	0	1	0	1	0	1	
	Q_B	0	0	1	1	0	0	
5 進カウンタ	Q_A	0	1	0	1	0	0	1
	Q_B	0	0	1	1	0	0	0
	Q_C	0	0	0	0	1	0	0

が行われる．カウンタは FF の 1 段で 2 進カウンタ，2 段で 3，4 進カウンタ，3 段で 5 ～ 8 進カウンタとなり，n 段では $2^{n-1} < N \leqq 2^n$ を満たす N 進カウンタが構成できる．2^n 進カウンタなら入力の 2^n 個目で全出力が自動的にクリアされて初期状態になるが，それ以外のカウンタでは N 個目の入力で出力を初期状態に戻すための回路が必要である．

　また，FF によるカウンタは，図 10.4 に示すように CK の周波数 f を FF の 1 段で 1/2 に，2 段で 1/4 に，n 段で $1/2^n$ にする分周器としても利用される．

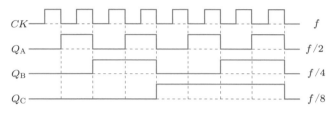

図 10.4　FF による分周

10.2　非同期式カウンタ

　FF は 1 段で 2 進カウンタとして動作するから，FF を従属接続して下位からの桁上げ信号を上位の CK に入力すると，下位からの桁上げ信号を順に受けて計数する非同期式カウンタが構成できる．

例題 10.1　出力が CK の立ち下がりで遷移する負論理 CLR 付 JK-FF による非同期式 4 進カウンタを図 10.5（a）に示す．各部の動作を図（b）のタイムチャートに示せ．なお，FF の出力が遷移するタイミングを図 10.2 にならって矢印で示せ．

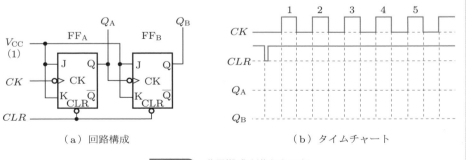

（a）回路構成　　　　　　　　　（b）タイムチャート

図 10.5　非同期式 4 進カウンタ

解

① 回路動作：回路は出力が CK の立ち下がりで遷移する JK-FF による 2 ビットカウンタである．Q_A は最下位の桁である．CK を入力する前に負論理 CLR 端子にいったん 0 を入力して出力を初期値 $Q_A = Q_B = 0$ にクリアした後，端子に 1 のレベルを入力してクリア動作を解除し，FF を入力受付可能状態にする．$J = K = 1$ であるから各 FF は CK に対してトグル動作を行い，下位の出力が桁上げ信号として次段の CK 端子に入力される．

② タイムチャート：CLR 信号で Q_A，Q_B を 0 にクリアする．$Q_A = Q_B = 0$ のラインを 1 個目の CK の立ち下がり時まで描く．Q_A は CK の立ち下がりでトグル動作を行い，2 進カウンタとして動作するから，この動作を Q_A のラインに描く．下位の出力が上位の CK 端子に入力されているから，Q_B は Q_A の立ち下がりでトグル動作をする．この動作を Q_B のラインに描く．出力が遷移するタイミングを矢印で示す．

③ 得られたタイムチャートを図 10.6 に示す：CK の 1 ずつの増加に対して（Q_B Q_A）が（0 0）から（0 1），（1 0），（1 1）と 1 ずつ増加し，$CK = 4$ で初期状態（0 0）になる．$CK = 5$ で再び（0 1）を計数する．このことから，この回路は非同期式 4 進カウンタとして動作していることがわかる．

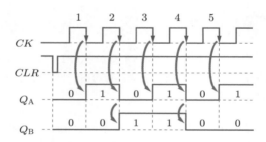

図 10.6 非同期式 4 進カウンタのタイムチャート

例題 10.2

表 10.3 に 5 進カウンタの真理値表を示す．5 個目の入力ですべての FF が CLR

表 10.3 5 進カウンタの真理値表

入力個数	出力		
CK	Q_C	Q_B	Q_A
0	0	0	0
1	0	0	1
2	0	1	0
3	0	1	1
4	1	0	0
5	(1	0	1)
	0	0	0

回路でクリアされる非同期式 5 進カウンタを JK-FF で構成せよ．なお，Q_A を最下位の桁とし，（１０１）は 5 個目を計数したときの出力である．

①5 進カウンタは $2^{n-1} < 5 \leqq 2^n$ を満たす n は 3 であるから，3 段の FF を描く．各 FF がトグル動作による 2 進カウンタとして動作するように $J = K = 1$ を入力する．

②非同期式カウンタであるから下位の出力を受けて次段が動作するように下位の出力 Q と次段の CK とを結線する．

③5 個目の入力で出力が $Q_A = Q_C = 1$ になった瞬間の信号を使用してすべての FF をクリアする．FF の CLR 端子が負論理であるから $Q_A = Q_C = 1$ のとき，または外部 CLR 信号が入力されたときに全 FF をクリアする回路を構成する．

④図 10.7（a）の CLR 回路付非同期式 5 進カウンタが得られる．

⑤図（b）に CK に対する出力のタイムチャートを示す．$CK = 4$ で $Q_C = 1$ となり，次に $CK = 5$ を計数して $Q_A = 1$ になった瞬間に AND ゲートの出力が 1，

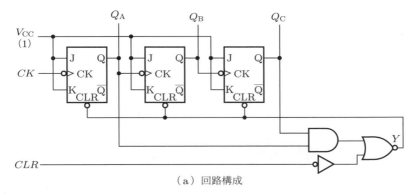

（a）回路構成

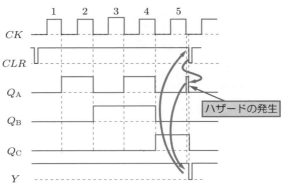

（b）タイムチャート

図 10.7　非同期式 5 進カウンタ

または *CLR* 信号が入力されたとき，次段の NOR ゲートの出力が $Y = 0$ となり，全 FF を初期状態にクリアする．したがって，この回路は非同期 5 進カウンタとして動作している．ただし，カウンタは 5 個目の *CK* の立ち下がり時から少し遅れてクリアされる．

図 10.7（b）のタイムチャートに見られるように，このカウンタの構成では $CK = 4$ の立ち下がりで $Q_C = 1$ となり，$CK = 5$ の立ち下がりで $Q_A = 1$ になってから $Y = 0$ が発生してすべての FF の出力が 0 になる．$Q_A = 1 \rightarrow 0$ となるため，短時間ではあるが Q_A にひげ状の不要な信号が発生する．このように，論理動作の時間差で生じる誤信号の発生をハザード（hazard）という．このようなハザードの発生する回路は，この瞬時パルスで他の回路が誤動作しなければ使える．

回路の動作時間の不整合などでカウンタの全 FF が正常にクリアされないときには，図 10.7（a）のクリア回路の AND ゲートと NOR ゲートとの間にワンショットマルチバイブレータなどを挿入して，確実に FF がクリアする信号を作る必要がある．

回路動作を確認するために行ったシミュレーションの結果を図 10.8 に示す．回路は 5 進カウンタとして動作しているが，図 10.7（b）で作図したように，この回路構成では $CK = 5$ においてハザード信号が発生するおそれがあることがわかる．シミュレーションでのクリア動作が不安定な場合は，クリア回路の AND ゲートと NOR ゲートとの間に数［Ω］の抵抗を挿入すると解決する場合がある．

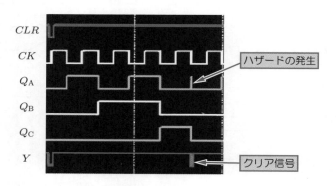

図 10.8　回路動作のシミュレーション

| 例題 10.3 | 強制的に CLR 回路でカウンタをクリアしない JK-FF による非同期式 5 進カウンタの真理値表とタイムチャートを図 10.9 に示す．カウンタは FF_A，FF_B，FF_C の 3 段で構成されている．各 FF の出力を Q_C，Q_B，Q_A とし，Q_A を最下位の桁とする．図 10.9 の動作を解析し，回路を構成せよ．図中の矢印は出力が遷移するタイミングを示している． |

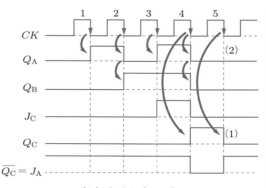

入力個数	出力		
CK	Q_C	Q_B	Q_A
0	0	0	0
1	0	0	1
2	0	1	0
3	0	1	1
4	1	0	0
5	0	0	0

（a）真理値表　　　　　　　　　　　（b）タイムチャート

図 10.9　非同期式 5 進カウンタ

解

①タイムチャートの解析：

- FF$_A$：$CK = 1$ から $CK = 4$ まで CK の立ち下がりでトグル動作をする.

　∴この期間 $\overline{Q_C} = J_A = 1$ であるから $K_A = 1$ であれば FF$_A$ はトグル動作をする.

- FF$_B$：Q_B は Q_A の立ち下がりでトグル動作をする.

　∴$J_B = K_B = 1$ であり，FF$_B$ の CK への入力は Q_A である.

- FF$_C$：$CK = 3$ での出力は（$Q_C\ Q_B\ Q_A$）$=$（0 1 1）である．FF$_C$ はこの Q_A $= Q_B = 1$ を J_C として，$CK = 4$ で $Q_C = 0 \rightarrow 1$ になる．それと同時に Q_A $= Q_B = 0$ から $J_C = 0$ となり，$CK = 5$ で $Q_C = 1 \rightarrow 0$ になる（図 10.9 (b) の (1)）．一方，$\overline{Q_C} = J_A$ であるから，$CK = 4$ で $\overline{Q_C} = J_A = 1 \rightarrow 0$ となり，FF$_A$ は CK 5 を計数せず，すべての FF が初期値の（0 0 0）に戻る（図 10. 9 (b) の (2)）.

　∴Q_A と Q_B の AND の出力を J_C，$K_C = 1$ として FF$_C$ を CK で駆動する.

　図 10.9 (b) のタイムチャートは，CK の入力に対して，（0 0 0），（0 0 1），（0 1 0），（0 1 1），（1 0 0），（0 0 0）と順に計数する 5 進カウンタの動作を示している.

②回路構成：これらのことから，FF$_A$ の出力 Q と FF$_B$ の CK とを結線，$J_A = \overline{Q_C}$，$K_A = 1$，$J_B = K_B = 1$，$K_C = 1$，Q_A，Q_B を入力とする AND ゲートの出力を J_C とし，FF$_A$ と FF$_C$ とを CK で駆動することにより強制的に CLR 回路でカウンタをクリアしない 5 進カウンタが構成できる.

③図 10.10 の 5 進カウンタ回路が得られる.

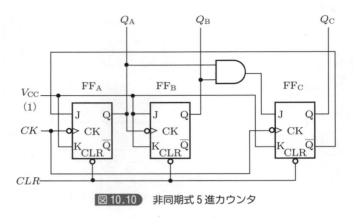

図 10.10 非同期式 5 進カウンタ

非同期式カウンタは，下位の桁上げ情報が上位に順々にさざ波のように伝搬することから，リップルカウンタ（ripple counter）とも呼ばれる．リップルカウンタは，CK の動作に対する最終段の出力の遅れが FF の n 段では 1 段の遅れ t_{pd}（伝搬遅延時間）の n 倍になることから，FF の段数が多くなるほど上位の出力に遅れを生じる．このため，非同期式カウンタの出力で他の回路を動作させる場合，各カウンタ出力の動作時間差からハザードが発生するおそれがある．これを避けるために，同期式カウンタが使われる．なお，非同期式カウンタの動作は上位になるほど遅くなるので，上位の FF に低速で動作する素子が使用でき，素子の選択幅が広がる．

> **例題 10.4**
>
> CK の入力に対して順次 $(Y_1\,Y_2) = (0\,0)$，$(0\,1)$，$(1\,1)$，$(1\,0)$ を出力する回路を非同期式カウンタで構成せよ．なお，使用する FF は CK の立ち下がりで出力が遷移する JK-FF とし，各 FF の出力は前もってクリアされる．
>
> **解**
> ① 4 進カウンタの出力 $(Q_B\,Q_A) = (0\,0)$，$(0\,1)$，$(1\,0)$，$(1\,1)$ から順次 $(Y_1\,Y_2)$ $= (0\,0)$，$(0\,1)$，$(1\,1)$，$(1\,0)$ を出力する真理値表を作成する．
> ② 真理値表を図 10.11（a）に示す．

CK	$Q_B\,Q_A$	$Y_1\,Y_2$
0	0 0	0 0
1	0 1	0 1
2	1 0	1 1
3	1 1	1 0

（a）真理値表　　　　　　　　　　　（b）回路構成

図 10.11 $Q_B\,Q_A$ から $Y_1\,Y_2$ を出力する回路

③真理値表から次式の論理式が得られる.

$$Y_1 = 1 \text{ に着目する}: Y_1 = Q_B\overline{Q_A} + Q_BQ_A = Q_B$$
$$Y_2 = 1 \text{ に着目する}: Y_2 = \overline{Q_B}Q_A + Q_B\overline{Q_A} = Q_A \oplus Q_B$$

④論理式から回路を構成すると図（b）が得られる.

10.3 同期式カウンタ

　同期式カウンタはすべての FF が CK に同期して入力の個数を計数する方式で，非同期式カウンタのような伝搬遅延時間の蓄積がなくすべての FF が同時に動作する．このため，カウンタを高速で動作させるにはすべての FF が高速型でなければならない．同期式カウンタは他の回路と同期をとることができ，時間的に安定に動作する回路を構成することができる．

　JK-FF による同期式カウンタの設計方法には，現在の出力 Q_0 が次の出力 Q になるための入力の表（励起表）から求める方法，特性方程式から求める方法などがある．

10.3.1 同期式カウンタを励起表から構成する

　表 10.4（a）の JK-FF の真理値表を，表（b）のように入出力状態を $Q_0 = 0$ の場合と $Q_0 = 1$ の場合とに分けて書き換える．さらに，この表から，現在の出力状態 Q_0 が次の出力状態 Q になるための入力 J，K を表（c）のように作成する．この表を励起表（excitation table）という．なお，矢印は Q_0 が Q に遷移することを表している．出力が $Q_0 \rightarrow Q$ に遷移するための入力 J，K を表（c）から決める方法で同期式カウンタを設計する．CK に対して各 FF の入・出力状態が動的にどのように遷移するかを

表 10.4　JK-FF

（a）真理値表

J	K	Q	$\overline{Q}$
0	0	Q_0	$\overline{Q_0}$
0	1	0	1
1	0	1	0
1	1	toggle	

（b）書き換えた真理値表

Q_0	J	K	Q
0	0	0	0
	0	1	0
	1	0	1
	1	1	1
1	0	0	1
	0	1	0
	1	0	1
	1	1	0

（c）励起表

$Q_0 \rightarrow Q$	J	K
$0 \rightarrow 0$	0	x
$0 \rightarrow 1$	1	x
$1 \rightarrow 0$	x	1
$1 \rightarrow 1$	x	0

x : don't care

表示したものが状態遷移図であり，カウンタなどの設計に用いられる．

例題 10.5

JK-FF による同期式 3 進カウンタの出力を Q_B, Q_A とする．Q_A は最下位の桁である．現在の出力状態を Q_0，次の出力状態を Q とする．CK の入力により $Q_0 \rightarrow Q$ を引き起こした J, K を表 10.4（c）の励起表から求め，表 10.5 を完成せよ．次に，表 10.5 から Q_0 が次の Q になるための J, K の論理式を Q_0 における Q_B, Q_A から求め，同期式 3 進カウンタを設計せよ．

表 10.5 にすでに記入してある状態は以下のとおりである．

表 10.5　同期式 3 進カウンタの状態遷移表の作成

CK	Q_0		Q		$Q_0 \rightarrow Q$ に遷移するための入力					
	Q_B	Q_A	Q_B	Q_A	Q_B の遷移	J_B	K_B	Q_A の遷移	J_A	K_A
0	0	0	0	1	$0 \rightarrow 0$	0	x	$0 \rightarrow 1$	1	x
1										
2										
3										

x：don't care

$CK = 0$ のとき，カウンタの出力 Q_0 は（0 0）であり，次の CK の入力で出力 Q が（0 1）になるから，Q_0 欄は（0 0），Q 欄は（0 1）である．そのため，$Q_B = 0 \rightarrow 0$，$Q_A = 0 \rightarrow 1$ に遷移するから，$Q_0 \rightarrow Q$ の Q_B 欄は（$0 \rightarrow 0$），Q_A 欄は（$0 \rightarrow 1$）である．この遷移を引き起こす J, K を表 10.4（c）から求めると，$Q_B = 0 \rightarrow 0$ になるには $(J_B\ K_B) = (0\ x)$，$Q_A = 0 \rightarrow 1$ になるには $(J_A\ K_A) = (1\ x)$ である（x：don't care）．

解

①記入例にならって $CK = 1 \sim 3$ の各欄を求め，表 10.5 を完成させる．

②得られた同期式 3 進カウンタの状態遷移表を表 10.6 に示す．

③出力は Q_0 の状態から J, K の入力により次の状態 Q に遷移するから，$Q_0 \rightarrow Q$ になるための入力 J_B, K_B, J_A, K_A を Q_0 における Q_B, Q_A のカルノー図から求める．ただし，3 進カウンタでは $(Q_B\ Q_A) = (1\ 1)$ は起こり得ないから，Q_A

表 10.6　同期式 3 進カウンタの状態遷移表

CK	Q_0		Q		$Q_0 \rightarrow Q$ に遷移するための入力					
	Q_B	Q_A	Q_B	Q_A	Q_B の遷移	J_B	K_B	Q_A の遷移	J_A	K_A
0	0	0	0	1	$0 \rightarrow 0$	0	x	$0 \rightarrow 1$	1	x
1	0	1	1	0	$0 \rightarrow 1$	1	x	$1 \rightarrow 0$	x	1
2	1	0	0	0	$1 \rightarrow 0$	x	1	$0 \rightarrow 0$	0	x
3	0	0								

x：don't care

$= Q_\mathrm{B} = 1$ を x : don't care とする.

④ $x = 1$ として図 10.12(a) のカルノー図から次式が得られる.

$$J_\mathrm{B} = Q_\mathrm{A}, \quad K_\mathrm{B} = 1, \quad J_\mathrm{A} = \overline{Q_\mathrm{B}}, \quad K_\mathrm{A} = 1$$

⑤論理式に従って回路を構成する.

⑥図 (b) の同期式 3 進カウンタが得られる. 図 (c) にタイムチャートを示す.

⑦図 10.12 の回路動作とタイムチャート

$CK\ 0 : Q_\mathrm{A} = Q_\mathrm{B} = 0,\ J_\mathrm{A} = \overline{Q_\mathrm{B}} = 1$

$\quad\quad 1 : J_\mathrm{A} = \overline{Q_\mathrm{B}} = 1,\ K_\mathrm{A} = 1$ であるから $\mathrm{FF_A}$ はトグル動作をし, $Q_\mathrm{A} = 0 \to 1$, $Q_\mathrm{B} = 0$ $\therefore (Q_\mathrm{B}\ Q_\mathrm{A}) = (0\ 1)$

$\quad\quad 2 : \mathrm{FF_B}$ は $Q_\mathrm{A} = 1$ の信号を受けて $Q_\mathrm{B} = 0 \to 1$, $\mathrm{FF_A}$ は $J_\mathrm{A} = \overline{Q_\mathrm{B}} = 1$ の信号を受けて $Q_\mathrm{A} = 1 \to 0$ $\therefore (Q_\mathrm{B}\ Q_\mathrm{A}) = (1\ 0)$

$\quad\quad 3 : \overline{Q_\mathrm{B}} = J_\mathrm{A} = 0$ であるから $Q_\mathrm{A} = 0$ のまま, $\mathrm{FF_B}$ は $Q_\mathrm{A} = 0$ の信号を受けて $Q_\mathrm{B} = 1 \to 0$ $\therefore (Q_\mathrm{B}\ Q_\mathrm{A}) = (0\ 0)$

⑧ $CK = 3$ で初期状態 (0 0) になり, この回路は同期式 3 進カウンタとして動作する.

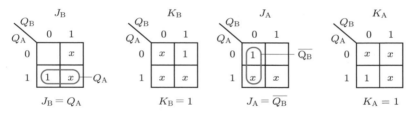

（a）カルノー図

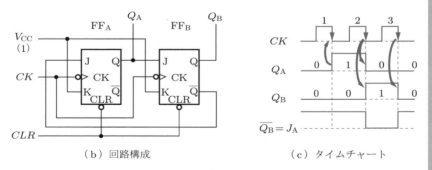

（b）回路構成　　　　　（c）タイムチャート

図 10.12　同期式 3 進カウンタ

【例題 10.5】の手順と同様にして求めた同期式 4 進カウンタの回路とタイムチャートを図 10.13 に示す.CK の入力に対して FF_A がトグル動作をする.$Q_A = 1$ で $J_B = K_B = 1$ となり,FF_B が次の CK でトグル動作を行って計数する.

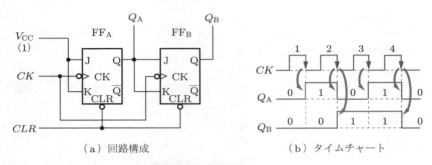

（a）回路構成 （b）タイムチャート

図 10.13 同期式 4 進カウンタ

10.3.2 ▶ 同期式カウンタを特性方程式から構成する

現在の出力状態 Q_0 が次の CK で Q になる Q の論理式と 9.3.1 項（4）で求めた JK-FF の特性方程式

$$Q = \overline{K}Q_0 + J\overline{Q_0}$$

とを比較して J, K を決める方法で同期式カウンタを設計する.

例題 10.6 Q_A を 8 進カウンタの最下位の桁の出力として,Q_0 における出力（$Q_C\,Q_B\,Q_A$）が次の CK で Q に遷移する出力（$Q_{(C)}\,Q_{(B)}\,Q_{(A)}$）の状態を表 10.7 に示す.表 10.7 から Q と Q_0 の関係を求め,JK-FF の特性方程式と比較して J, K を決定し,

表 10.7 8 進カウンタの真理値表

CK	Q_0			Q		
	Q_C	Q_B	Q_A	$Q_{(C)}$	$Q_{(B)}$	$Q_{(A)}$
0	0	0	0	0	0	1
1	0	0	1	0	1	0
2	0	1	0	0	1	1
3	0	1	1	1	0	0
4	1	0	0	1	0	1
5	1	0	1	1	1	0
6	1	1	0	1	1	1
7	1	1	1	0	0	0
8	0	0	0			

JK-FF による同期式 8 進カウンタを構成せよ.

解 ① $Q_0 \rightarrow Q$ になる $Q_{(\mathrm{C})}$, $Q_{(\mathrm{B})}$, $Q_{(\mathrm{A})}$ の論理式を, Q_0 における Q_{C}, Q_{B}, Q_{A} のカルノー図から求める.

②カルノー図は図 10.14 のようになり, 論理式は次のようになる.

$$Q_{(\mathrm{A})} = \overline{Q_{\mathrm{A}}}$$

$$Q_{(\mathrm{B})} = \overline{Q_{\mathrm{A}}}Q_{\mathrm{B}} + Q_{\mathrm{A}}\overline{Q_{\mathrm{B}}}$$

$$Q_{(\mathrm{C})} = (\overline{Q_{\mathrm{A}}} + \overline{Q_{\mathrm{B}}})Q_{\mathrm{C}} + Q_{\mathrm{A}}Q_{\mathrm{B}}\overline{Q_{\mathrm{C}}} = \overline{Q_{\mathrm{A}}Q_{\mathrm{B}}}Q_{\mathrm{C}} + Q_{\mathrm{A}}Q_{\mathrm{B}}\overline{Q_{\mathrm{C}}}$$

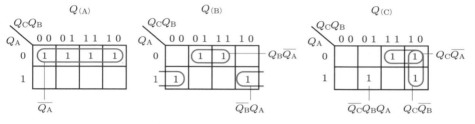

図 10.14 同期式 8 進カウンタのカルノー図

③ JK-FF の特性方程式とカルノー図から求めた論理式とを比較して, Q_0, $\overline{Q_0}$ の係数である各 FF の J, K を求める.

- FF$_{\mathrm{A}}$: $Q = \overline{K}Q_0 + J\overline{Q_0}$

  $Q_{(\mathrm{A})} = \overline{Q_{\mathrm{A}}} = 0 \cdot Q_{\mathrm{A}} + 1 \cdot \overline{Q_{\mathrm{A}}}$ 両式を比較して, $K_{\mathrm{A}} = 1$, $J_{\mathrm{A}} = 1$

- FF$_{\mathrm{B}}$: $Q = \overline{K}Q_0 + J\overline{Q_0}$

  $Q_{(\mathrm{B})} = \overline{Q_{\mathrm{A}}}Q_{\mathrm{B}} + Q_{\mathrm{A}}\overline{Q_{\mathrm{B}}}$ 両式を比較して, $K_{\mathrm{B}} = Q_{\mathrm{A}}$, $J_{\mathrm{B}} = Q_{\mathrm{A}}$

- FF$_{\mathrm{C}}$: $Q = \overline{K}Q_0 + J\overline{Q_0}$

  $Q_{(\mathrm{C})} = \overline{Q_{\mathrm{A}}Q_{\mathrm{B}}}Q_{\mathrm{C}} + Q_{\mathrm{A}}Q_{\mathrm{B}}\overline{Q_{\mathrm{C}}}$ 両式を比較して, $K_{\mathrm{C}} = Q_{\mathrm{A}}Q_{\mathrm{B}}$, $J_{\mathrm{C}} = Q_{\mathrm{A}}Q_{\mathrm{B}}$

④回路化により図 10.15 の同期式 8 進カウンタが得られる.

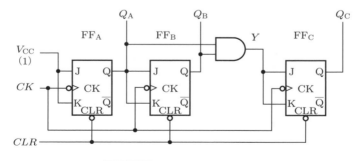

図 10.15 同期式 8 進カウンタ

　図 10.16 (a) は 2 進カウンタと 5 進カウンタを組にして，これを 2 組封入したカウンタ IC の接続ピン配置図である．1 番ピンは 2 進カウンタの CK 端子（$1CK_A$），4 番ピンは 5 進カウンタの CK 端子（$1CK_B$）であり，それぞれを単独で動作させることができる．2 番ピンの $1CLR$ で 2 進カウンタと 5 進カウンタが同時にクリアされる．図 (b) のように，このカウンタの 3 番ピンを 4 番ピンに接続すると，10 進カウンタとして動作する．なお，9 〜 15 番ピンの内部結線は省略している．

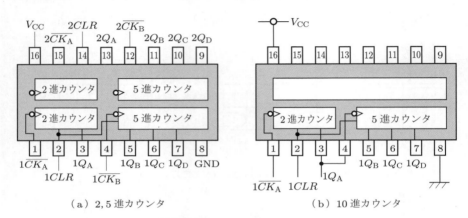

（a）2, 5 進カウンタ　　　　　　　（b）10 進カウンタ

図 10.16 2, 5, 10 進カウンタ

10.4 ダウンカウンタ

　ある値から 1 ずつの入力に対して数値が 1 ずつ減少するカウンタをダウンカウンタ（down counter）という．2 ビットダウンカウンタ（4 進ダウンカウンタ）の真理値表を図 10.17 (a) に示す．初期値は $Q_B = Q_A = 1$ である．出力は CK の 1 ずつの入力に対して 1 ずつ減少し，$CK = 4$ で初期値に戻る．このことを出力が CK の立ち上がりで遷移する FF の動作で表すと，図 (b) のタイムチャートになる．

CK	Q_B	Q_A
0	1	1
1	1	0
2	0	1
3	0	0
4	1	1

（a）真理値表　　　　　　（b）タイムチャート

図 10.17 4 進ダウンカウンタ

例題
10.7

CK の立ち上がりで出力が遷移する負論理 PR 付 JK-FF による非同期式 4 進ダウンカウンタの回路を，図 10.17 (b) のタイムチャートを参考にして構成せよ.

解

① FF_A が CK の立ち上がりでトグル動作を行い，FF_B が Q_A の立ち上がりでトグル動作を行えば図 10.17 (b) のタイムチャートの動作になる. したがって，それぞれの FF を $J = K = 1$ とし，Q_A を次段の CK への入力とする 2 段の FF 回路を描く.

② 外部から CK を入力する前に出力 Q_A，Q_B を初期値 1 にセットするための PR 回路を付加する.

③ 図 10.18 (a) の非同期式 4 進ダウンカウンタが得られる.

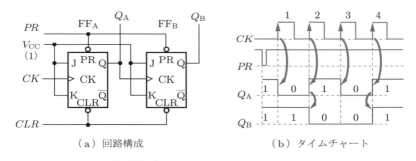

（a）回路構成　　　　　　　（b）タイムチャート

図 10.18 非同期式 4 進ダウンカウンタ

④ 回路のタイムチャートを図 (b) に示す. PR 端子に 0 を入力して出力を初期値 $Q_A = Q_B = 1$ にセットした後，1 を入力して FF を入力受付状態にする. $CK = 1$ から順に Q_A が CK によるトグル動作，Q_B が Q_A の立ち上がりを受けてトグル動作をする. $CK = 4$ の立ち上がりで Q_A が $0 \to 1$，Q_B が Q_A の立ち上がりを受けて $0 \to 1$ となり，初期値 (1 1) に戻る. この回路は非同期式 4 進ダウンカウンタとして動作している.

例題
10.8

CK の立ち下がりで遷移する JK-FF による同期式 4 進ダウンカウンタを図 10.19 (a) に示す. 各部の動作を図 (b) のタイムチャートに示し，CK に対する各部の遷移時間帯を矢印で記せ. ただし，$CLR = 1$ である.

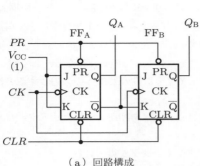
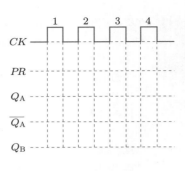

（a）回路構成 （b）タイムチャート

図10.19 同期式4進ダウンカウンタ（$CLR = 1$）

①回路動作：負論理 PR 端子に 0 を入力して出力を初期値 $Q_A = Q_B = 1$ にセットした後，1 を入力して FF を入力受付状態にする．

$CK\ 0：Q_A = Q_B = 1,\ \overline{Q_A} = 0$

1：$\overline{Q_A} = 0$ であるから FF_B は現状を保持し，$Q_B = 1$ のままである．FF_A は $J_A = K_A = 1$ であるから CK の立ち下がりでトグル動作をする．

$Q_A = 1 \to 0,\ \overline{Q_A} = 0 \to 1\ \ \therefore (Q_B\ Q_A) = (1\ 0)$

2：$\overline{Q_A} = 1$ であるから FF_B は CK の立ち下がりでトグル動作，同時に FF_A も CK の立ち下がりでトグル動作をする．

$Q_A = 0 \to 1,\ Q_B = 1 \to 0,\ \overline{Q_A} = 1 \to 0\ \ \therefore (Q_B\ Q_A) = (0\ 1)$

3：$\overline{Q_A} = 0$ であるから FF_B は現状を保持して $Q_B = 0$ のまま，FF_A のみが CK の立ち下がりでトグル動作をする．

$Q_A = 1 \to 0,\ Q_B = 0,\ \overline{Q_A} = 0 \to 1\ \ \therefore (Q_B\ Q_A) = (0\ 0)$

4：FF_A は CK の立ち下がりでトグル動作，FF_B も $\overline{Q_A} = 1$ であるから CK の立ち下がりでトグル動作をして初期値に戻る．

$Q_A = 0 \to 1,\ Q_B = 0 \to 1,\ \overline{Q_A} = 1 \to 0\ \ \therefore (Q_B\ Q_A) = (1\ 1)$

②タイムチャート：CK を入力する前に各 FF の出力を初期値として 1 にセットするために負論理 PR 端子に 0 を入力した後 1 に戻す操作を描く．

Q_A が CK の立ち下がりでトグル動作，$\overline{Q_A}$ が Q_A の逆の動作をすることを描く．

Q_B が $\overline{Q_A} = 1$ のとき CK の立ち下がりでトグル動作をすることを描く．

③図10.20 のタイムチャートが得られる．

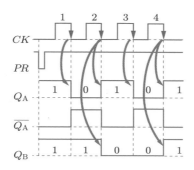

図 10.20　同期式 4 進ダウンカウンタのタイムチャート

10.5　アップダウンカウンタ

　アップダウンカウンタ（up-down counter: U/D）は，1 ずつの入力で数値が 1 ずつ増加（up）したり 1 ずつ減少（down）したりする動作を外部信号で制御することのできるカウンタである．

　図 10.21 に，図 10.5 の非同期式 4 進アップカウンタと非同期式 4 進ダウンカウンタ（【演習問題 10.13】）を示す．ただし，$CLR = 1$ である．これらの回路から，FF_B の CK への入力を FF_A の出力 Q_A にすればアップカウンタとして，また $\overline{Q_A}$ にすればダウンカウンタとして動作することがわかる．これを切り換えスイッチで置き換えると図 10.22（a）となり，スイッチが D 側ならダウンカウンタとして，U 側ならアップカウンタとして動作する．この切り換えスイッチを論理回路で構成するために，切り換え信号を S として，$S = 0$ のとき $\overline{Q_A}$ が Y に，$S = 1$ のとき Q_A が Y に出力される真理値表を作成すると図（b）になる．

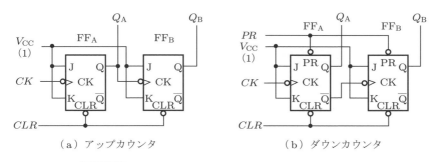

（a）アップカウンタ　　　　　　　　（b）ダウンカウンタ

図 10.21　非同期式 4 進アップカウンタとダウンカウンタ

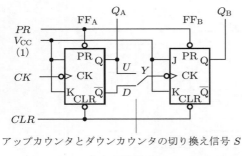

	S	Q	Y
D	0	$\overline{Q_A}$	1(down)
U	1	Q_A	1(up)

（a）回路構成　　　　　　　　　　　　　（b）真理値表

図 10.22　非同期式 4 進アップカウンタ（U）/ダウンカウンタ（D）の切り換え

図 10.22（b）の真理値表から $Y=1$ に着目して論理式を求めると次式となる．

$$Y = SQ_A + \overline{S}\,\overline{Q_A}$$

論理式を論理回路で構成して図 10.22（a）の切り換えスイッチと置き換えると，図 10.23 の回路が得られる．$S=1$ のときアップカウンタとして，$S=0$ のときダウンカウンタとして動作する．また，切り換え回路は論理式から S と Q_A を入力とする ENOR ゲートで構成できる．切り換え信号 S は $U/\overline{D}$ とも表される．

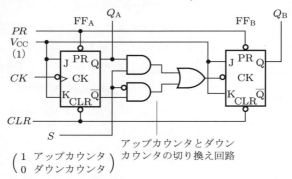

$$\left(\begin{array}{ll} 1 & \text{アップカウンタ} \\ 0 & \text{ダウンカウンタ} \end{array}\right)$$

アップカウンタとダウンカウンタの切り換え回路

図 10.23　非同期式 4 進アップダウンカウンタ

演習問題

10.1 入力を 1 〜 10 個として 7 進カウンタの真理値表を示し，CK の立ち下がりで動作する FF によるタイムチャートを描け．カウンタの出力を上位桁から順に $Q_C Q_B Q_A$ とする．なお，カウンタの出力は前もってクリアされている．

10.2 FF が 1 ビットカウンタとして動作することを JK-FF と D-FF で説明せよ．

10.3 100 [kHz] の信号から 25 [kHz] の信号を得たい．何個の FF で構成できるか．

10.4 8，10 進カウンタを FF で構成したい．FF の必要数はいくらか．

10.5 8 ビットカウンタの取り扱う数の範囲を 10 進数で答えよ．

10.6 図 10.3 を参照して，非同期式 2 ビットカウンタを CK の立ち上がりで動作する負論理 CLR 付 D-FF で構成せよ．

10.7 非同期式 3 ビットカウンタを負論理 CLR 付 MS JK-FF で構成し，動作を示すタイムチャートを作成せよ．なお，初期状態は $Q = 0$，$PR = 1$，$CLR = 1$ である．

10.8 t_{pd} が 20 [ns] の JK-FF で非同期式 16 進カウンタを構成したとき，最終出力の遅延伝搬時間はいくらになるか．

10.9 同期式 4 進カウンタを【例題 10.5】に従って励起表から求めよ．

10.10 同期式 3 進カウンタを【例題 10.6】に従って特性方程式から求めよ．

10.11 図 10.15 の CK に対する Q_A, Q_B, Q_C, Y のタイムチャートを求めよ．なお，初期状態は $Q = 0$，$CLR = 1$ である．

10.12 3 ビットダウンカウンタの真理値表を作成せよ．なお，カウンタの出力は最上位桁から順に $Q_C Q_B Q_A$ とする．なお，カウンタの出力は前もってセットされている．

10.13 CK の立ち下がりで出力が遷移する JK-FF による非同期式 4 進ダウンカウンタの構成を図 10.24（a）に示す．各部の動作を図（b）のタイムチャートに示し，CK に対する各部の遷移時間帯を矢印で記せ．なお，$CLR = 1$ である．

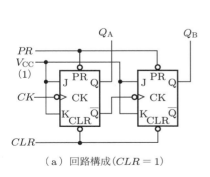

（a）回路構成($CLR = 1$)

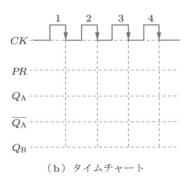

（b）タイムチャート

図 10.24 JK-FF による非同期式 4 進ダウンカウンタ

10.14 図 10.25 (a) の回路の各部のタイムチャートを図 (b) に示せ. また, この回路の名称を答えよ. なお, $CLR = 1$ で, カウンタの出力は前もって PR によりセットされている.

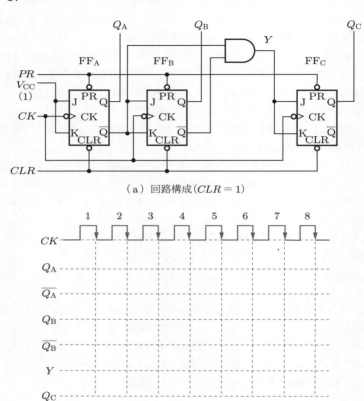

(a) 回路構成($CLR = 1$)

(b) タイムチャート

図 10.25

11 レジスタとシフトレジスタ

　この章では，データを一時的に記憶するためのレジスタや，記憶したデータを順次転送するシフトレジスタ，さらにシフトレジスタを円環状に接続したリングカウンタについて学ぶ．

11.1　レジスタ

　レジスタ（register）は計算機や計測機器，制御機器の演算装置などに組み込まれ，データを一時的に記憶するために使用される回路であり，置数器ともよばれる．

　図 11.1 に FF によるレジスタの概念図を示す．レジスタはデータの長さが n 桁なら n 個の FF で構成される．データは CK に同期して，パラレル（P：parallel，並列）に読み込まれる．記憶したデータは，出力端子からそのままパラレルに読み出される．

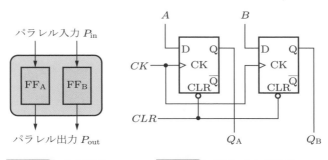

図 11.1　レジスタ　　　　**図 11.2**　2 ビットレジスタ

　D-FF による 2 ビットレジスタを図 11.2 に示す．なお，FF の出力は前もってクリアされている．データ A，B が CK の立ち上がりに同期して各 D-FF に読み込まれ，記憶される．記憶されたデータは Q_A，Q_B からパラレルに出力される．

例題 11.1	CK に同期してデータをパラレルに読み込み，パラレルに出力する負論理 CLR 付き D-FF による 4 ビットレジスタを構成せよ．パラレルデータは書き込み命令信号 W で制御される．FF に記憶された情報は CLR 機能で消去される．

① 4 ビットレジスタであるから，CLR 機能付き D-FF を 4 個描く．

② データは CK に同期して同時にパラレルに読み込まれるから，各 CK 端子を共通に結線し，これを CK 信号の入力とする．情報の消去回路として CLR 端子を共通に結線し，これを CLR 信号の入力とする．

③ D-FF は CK の立ち上がりでデータを読み込む．データ書き込み命令信号 W とデータがともに 1 のとき，1 を FF の D に入力する回路を 2 入力 AND ゲートで構成する．

④ パラレル入力 P_in（$A \sim D$），パラレル出力 P_out（$Q_\text{A} \sim Q_\text{D}$）として回路を構成する．

⑤ 図 11.3 の 4 ビットレジスタが得られる．

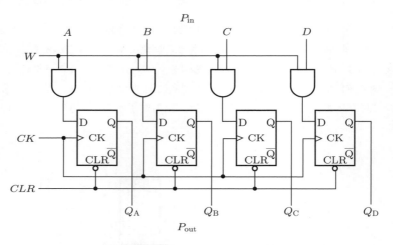

図 11.3 4 ビットレジスタ

11.2 シフトレジスタ

多段接続した FF 内のデータを順次右に，または左に移す（シフトする）ことができるレジスタをシフトレジスタ（shift register）という．このようなシフトレジスタは，たとえば 10 進数における左への 1 桁シフトが 10 倍，右への 1 桁シフトが 1/10 になるのと同様に，2 進数のデータ（0 1 0 1 0）₂ を左に 1 桁シフトすると 2 倍の値（1 0 1 0 0）₂ に，右に 1 桁シフトすると 1/2 の値（0 0 1 0 1）₂ にすることができる．シフトレジスタのこのような動作は演算処理などに使用される．

図 11.4 にシフトレジスタの概念図を示す．データはレジスタに直接入力するパラレル（P：parallel，並列）入力方法と，CK に同期して時間的に順次後段にデータを

送り込むシリアル（S：serial，直列）入力方式とがある．FF に取り込まれたデータは，そのまま各段の出力から取り出せばパラレル出力 P_{out} となり，最終段から CK で順次送り出せばシリアル出力 S_{out} となる．このように，シフトレジスタはデータをパラレル - シリアル（P-S）変換して取り出すことができる．

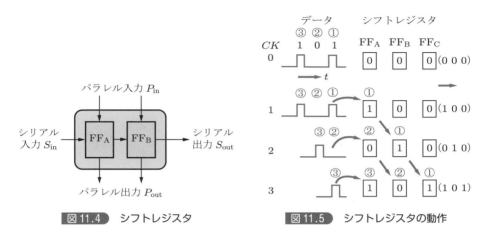

図 11.4 シフトレジスタ　　　図 11.5 シフトレジスタの動作

図 11.5 に，データ①～③が CK に同期して FF_A ～ FF_C 内に順次取り込まれる様子を示す．データは，CK に同期して①→②→③の順に右にシフトしながら FF に取り込まれ，CK 3 で FF_C に至り，データの取り込みが完了する．

　データが FF_A から FF_B にシフトする様子を図 11.6 に示す．図（a）は $CK = k$ 後の各 FF の入出力状態を示す．次の $CK = k + 1$ では，図（b）のように CK の立ち下がりで $Q_\text{A} = 1 \rightarrow 0$ に，FF_B は $Q_\text{A} = 1$ を受けて $Q_\text{B} = 0 \rightarrow 1$ に遷移する．このことは，CK に同期して FF_A のデータが FF_B にシフトしたことを意味する．このシフト動作は FF の多段接続においても同様に行われ，n 個の FF で n ビットのシフトレ

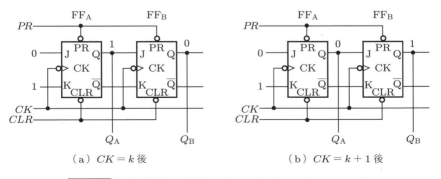

（a）$CK = k$ 後　　　（b）$CK = k + 1$ 後

図 11.6 JK-FF によるデータのシフト（$PR = 1$, $CLR = 1$）

ジスタが構成される.

例題
11.2

パラレル入出力, シリアル入出力が可能な JK-FF による 4 ビット右シフトレジスタを構成せよ. なお, パラレル入力データは各負論理 PR 端子から直接読み込まれる.

解

①パラレル入力を P_{in}, パラレル出力を P_{out}, シリアル入力を S_{in}, シリアル出力を S_{out}, データの書き込み命令信号を W とする.

②シリアルデータを入力端子 S_{in} から JK-FF に入力するための回路を構成する. $S_{in} = 0$ のときは次の CK で $Q = 0$ になり, $S_{in} = 1$ のときは次の CK で $Q = 1$ になるための入力 J, K の真理値表を作成し, 論理式を求める.

③得られた真理値表を図 11.7 (a) に示す. 真理値表から次式が求められる.

$$J = S_{in}, \quad K = \overline{S_{in}}$$

④パラレルデータ P_{in} を JK-FF に入力するための回路を構成する. データ書き込み命令信号 W が $W = 1$ でデータが 1 のときに, FF の負論理 PR 端子に 0 を入力して FF を 1 にセットするための回路を 2 入力 NAND ゲートで構成する.

⑤図 11.6 のシフト回路とパラレル入力 P_{in}, そして③で求めたシリアル入力 S_{in} 回路を組合せると, 図 11.7 (b) の CLR 機能付 4 ビットシフトレジスタが得られる.

S_{in}	Q	J	K
0	0	0	1
1	1	1	0

(a) 真理値表

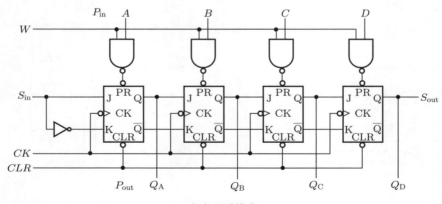

(b) 回路構成

図 11.7 パラレル, シリアル入出力 4 ビットシフトレジスタ

11.3 リングカウンタ

　シフトレジスタの最終段の出力を最前段の入力に帰還すると，内部のデータがシフトレジスタ内を循環するリングカウンタ（ring counter）となる.

　図 11.8 に 3 ビットリングカウンタの回路とタイムチャートを示す.

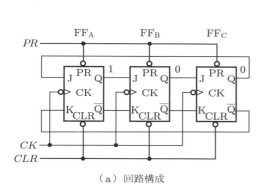

（a）回路構成

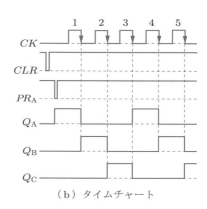

（b）タイムチャート

$$(1\,0\,0) \longrightarrow (0\,1\,0) \longrightarrow (0\,0\,1)$$

（c）データのシフト

図 11.8 3 ビットリングカウンタ

　すべての FF を 0 にクリアした後，FF_A のみ PR 端子で $Q_A = 1$ にセットした後，$PR = 1$ にする. この状態からすべての FF を CK で駆動すると，データの 1 が右に順にシフトする. 出力 $(Q_A\ Q_B\ Q_C)$ は $(1\,0\,0)$ から図 11.8（c）のように 1 がシフトし，$CK = 3$ で初期値 $(1\,0\,0)$ に戻る. 以降はこれを繰り返す.

　n ビットのリングカウンタならば CK の n 個目ごとに初期値に戻り，以降これを繰り返す.

　シフトレジスタの最終段出力を逆接続で最前段に帰還したカウンタをジョンソンカウンタという. 図 11.9（a）に，3 ビットジョンソンカウンタ（Johnson counter）を示す. すべての FF をクリアすると，$J_A = \overline{Q_C} = 1$，$K_A = Q_C = 1$ である. ただし，$PR = 0$，FF をクリアした後は $CLR = 1$ である.

　回路動作

$$CK\,0 : Q_A = Q_B = Q_C = 0,\ J_A = \overline{Q_C} = 1,\ K_A = Q_C = 0$$
$$1 : Q_A = 1,\ Q_B = Q_C = 0$$

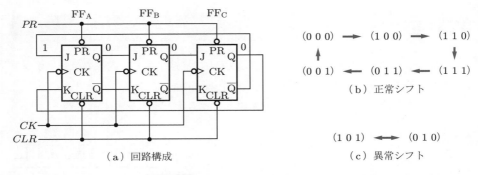

図11.9　3ビットジョンソンカウンタ

$2:Q_A = Q_B = 1,\ Q_C = 0$

$3:Q_A = Q_B = Q_C = 1,\ J_A = \overline{Q_C} = 0,\ K_A = Q_C = 1$

$4:Q_A = 0,\ Q_B = Q_C = 1$

$5:Q_A = Q_B = 0,\ Q_C = 1$

$6:Q_A = Q_B = Q_C = 0$

となり，順次これを繰り返す．各出力は（0 0 0）から図11.9（b）のようにシフトする．

このような循環シフトを正常シフトといい，この値のどの状態を初期値としても正常シフトで循環する．

初期値が正常シフト値以外であれば，たとえば（1 0 1）からシフトさせると図11.9（c）のような循環シフトとなる．このような循環を異常シフトという．

電源投入後のFFの状態は出力が不定で，異常シフトが生じる可能性がある．このため，初期状態をCLR機能で（0 0 0）にクリアするか，PS機能で（1 1 1）にセットしてからCKで駆動する．CLR機能やPS機能を使用しないなら自己修正回路を付加して正常シフトに戻す必要がある．

例題 11.3　図11.10に自己修正形3ビットジョンソンカウンタを示す．初期状態（$Q_A\ Q_B\ Q_C$）=（1 0 1）から出発して，CKの駆動に対する各出力の動作をタイムチャートで示せ．ただし，$PR = 1$，$CLR = 1$である．

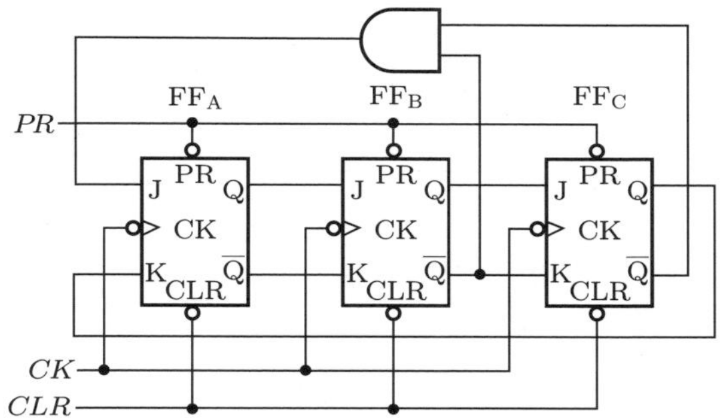

図 11.10 自己修正形 3 ビットジョンソンカウンタ

解

① AND ゲートの出力が 1 になって $J_A = 1$ になるのは，$\overline{Q_B} = \overline{Q_C} = 1$ のとき，すなわち，$(Q_B \ Q_C) = (0 \ 0)$ のときのみである．

$Q_B = 1$，$Q_C = 0$ のときは $J_A = K_A = 0$ となり，次の CK で Q_A は前の状態を保持する．

$Q_C = 1$ のときは $J_A = 0$，$K_A = 1$ となり，次の CK で $Q_A = 0$ になる．

②$(Q_A \ Q_B \ Q_C) = (1 \ 0 \ 1)$ から CK でシフトする出力状態をタイムチャートに記入する．

③図 11.11 (a) のタイムチャートが得られる．

④CK によるシフトの状態を図 (b) に示す．

⑤$(0 \ 0 \ 1)$ で正常シフトに移り，自己修正される．

⑥定常状態のタイムチャートを図 (c) に示す．ジョンソンカウンタでは出力が 1 の期間と 0 の期間がそれぞれ 50 ％の周期波形となる．

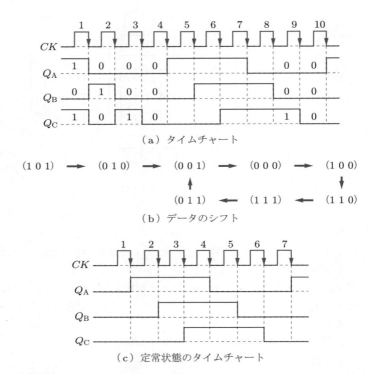

（a）タイムチャート

$(1\,0\,1)$ → $(0\,1\,0)$ → $(0\,0\,1)$ → $(0\,0\,0)$ → $(1\,0\,0)$

$(0\,1\,1)$ ← $(1\,1\,1)$ ← $(1\,1\,0)$

（b）データのシフト

（c）定常状態のタイムチャート

図 11.11　自己修正形 3 ビットジョンソンカウンタのタイムチャート

演習問題

11.1　レジスタの機能を説明せよ.

11.2　シフトレジスタの機能を説明せよ.

11.3　D-FF で 2 ビットシフトレジスタを構成せよ.

演習問題解答

1 アナログ信号とディジタル信号

1.1 1.1 節本文参照

1.2 D, A, A, D, A, A

1.3 1.2 節本文参照

1.4 $(11001)_2$, $(3DC)_{16}$

1.5 $(125)_{10}$, $(175)_8$, $(7D)_{16}$

2 スイッチ回路と論理演算

2.1 2.1 節本文参照

2.2 2^n 通り. 解表1

2.3 (1) 1, 1, C (2) 解表2 (3) $Y = AB + C$

2.4 解表3. XOR, 排他的論理和. $Y = A \oplus B(= \overline{A}B + A\overline{B})$

解表1

A	B	C
0	0	0
0	0	1
0	1	0
0	1	1
1	0	0
1	0	1
1	1	0
1	1	1

解表2

A	B	C	Y
0	0	0	0
0	0	1	1
0	1	0	0
0	1	1	1
1	0	0	0
1	0	1	1
1	1	0	1
1	1	1	1

解表3

A	B	Y
0	0	0
0	1	1
1	0	1
1	1	0

2.5 解表 4

解表 4

A B	Y_1	Y_2	Y_3	Y_4	Y_5	Y_6	Y_7	Y_8	Y_9	Y_{10}	Y_{11}	Y_{12}	Y_{13}	Y_{14}	Y_{15}	Y_{16}
0 0	0	0	0	0	0	0	0	0	1	1	1	1	1	1	1	1
0 1	0	0	0	0	1	1	1	1	0	0	0	0	1	1	1	1
1 0	0	0	1	1	0	0	1	1	0	0	1	1	0	0	1	1
1 1	0	1	0	1	0	1	0	1	0	1	0	1	0	1	0	1
演算名		AND					XOR	OR	NOR	XNOR					NAND	
演算名		論理積					排他的論理和	論理和	論理和否定	対等					論理積否定	
論理式		$Y=AB$					$Y=A \oplus B$	$Y=A+B$	$Y=\overline{A+B}$	$Y=\overline{A \oplus B}$					$Y=\overline{AB}$	

（例）　　　　　　　　　　XNOR：対等，排他的 NOR，排他的論理和否定

3　ブール代数と論理式

3.1　解図 1

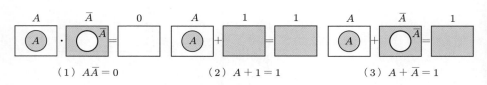

（1）$A\overline{A}=0$　　　　　（2）$A+1=1$　　　　　（3）$A+\overline{A}=1$

解図 1

3.2　解図 2

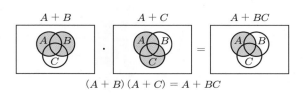

$(A+B)(A+C)=A+BC$

解図 2

3.3　(1) $AB = BA$　(2) $A(B + C) = AB + AC$

(3) $A + (B + C) = (A + B) + C = (A + C) + B = A + B + C$

(4) $A(\overline{A} + B) = AB$

3.4　(1) $(A + B)(A + C) = A + AC + AB + BC = A(1 + C + B) + BC = A + BC$

(2) $A(\overline{A} + B) = A\overline{A} + AB = 0 + AB = AB$

(3) $A + \overline{A}B = A(1 + B) + \overline{A}B = A + AB + \overline{A}B = A + B(A + \overline{A}) = A + B$

3.5　(1) $Y = \overline{\overline{A}\,\overline{B}} = \overline{\overline{A}} + \overline{\overline{B}} = A + B,\ \ A + B = \overline{\overline{A + B}} = \overline{\overline{A}\,\overline{B}}$

(2) $Y = \overline{\overline{A}B} = \overline{\overline{A}} + \overline{B} = A + \overline{B},\ \ A + \overline{B} = \overline{\overline{A + \overline{B}}} = \overline{\overline{A}\,B} = \overline{\overline{A}B}$

3.6　(1) $\overline{\overline{A}\,\overline{B}}$　(2) A　(3) B　(4) $\overline{A}$　(5) A　(6) $\overline{B}$　(7) $A + B$

(8) $A + B$　(9) $\overline{A} + \overline{B}$　(10) $\overline{A}B$　(11) $A\overline{B}$　(12) A　(13) B

3.7　解表5

3.8　解表6

解表5			
A	B	C	Y
0	0	0	0
0	0	1	0
0	1	0	0
0	1	1	1
1	0	0	0
1	0	1	1
1	1	0	1
1	1	1	1

$Y = \overline{A}BC + A\overline{B}C + AB\overline{C} + ABC$,　または
$Y = (A + B + C)(A + B + \overline{C})(A + \overline{B} + C)(\overline{A} + B + C)$

解表6				
$(\ )_{10}$	A	B	C	Y
0	0	0	0	0
1	0	0	1	0
2	0	1	0	1
3	0	1	1	0
4	1	0	0	1
5	1	0	1	0
6	1	1	0	1
7	1	1	1	0

$Y = \overline{A}B\overline{C} + A\overline{B}\,\overline{C} + AB\overline{C}$

3.9　解表7

解表7																
(1)			(2)				(3)			(4)						
A	B	Y	A	B	C	Y	A	B	Y	A	B	C	Y			
0	0	1	0	0	0	0	0	0	0	0	0	0	0			
0	1	1	0	0	1	1	0	1	0	0	0	1	0			
1	0	1	0	1	0	1	1	0	0	0	1	0	0			
1	1	0	0	1	1	1	1	1	1	0	1	1	1			
			1	0	0	0				1	0	0	0			
			1	0	1	1				1	0	1	1			
			1	1	0	0				1	1	0	1			
			1	1	1	0				1	1	1	1			

3.10 解表8

解表 8						
A	B	AB	$\overline{AB}$	$\overline{A}$	$\overline{B}$	$\overline{A} + \overline{B}$
0	0	0	1	1	1	1
0	1	0	1	1	0	1
1	0	0	1	0	1	1
1	1	1	0	0	0	0

$\therefore \ \overline{AB} = \overline{A} + \overline{B}$

4 論理式の簡単化

4.1 (1) $Y = A + AB = A(1 + B) = A$

(2) $Y = AB + A\overline{B} = A(B + \overline{B}) = A$

(3) $Y = (A + B)(\overline{A} + B) = A\overline{A} + AB + \overline{A}B + B = 0 + B(A + \overline{A} + 1) = B$

(4) $Y = \overline{A}BC + A\overline{B}C + AB\overline{C} + ABC$

$\quad = \overline{A}BC + A\overline{B}C + AB\overline{C} + ABC + ABC + ABC$

$\quad = (\overline{A}BC + ABC) + (A\overline{B}C + ABC) + (AB\overline{C} + ABC)$

$\quad = BC(\overline{A} + A) + AC(\overline{B} + B) + AB(\overline{C} + C) = AB + BC + AC$

4.2 解図3

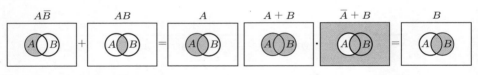

（a）$Y = A\overline{B} + AB = A$ 　　　（b）$Y = (A + B)(\overline{A} + B) = B$

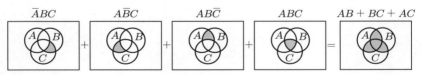

（c）$Y = \overline{A}BC + A\overline{B}C + AB\overline{C} + ABC = AB + BC + AC$

解図 3

4.3 解図4. $Y = A\overline{C} + \overline{B}C$

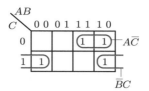

解図 4

4.4 解図 5．　$Y = A\overline{C} + \overline{B}C$

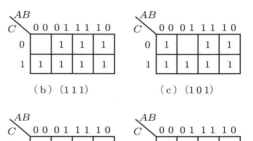

（b）（1 1 1）　　　　　（c）（1 0 1）

A	B	C	Y	
0	0	0	0	1 1 1
0	0	1	1	
0	1	0	0	1 0 1
0	1	1	0	1 0 0
1	0	0	1	
1	0	1	1	
1	1	0	1	
1	1	1	0	0 0 0

（a）真理値表

（d）（1 0 0）　　　　　（e）（0 0 0）

（f）　　　　　（g）

解図 5

4.5　（1）解図 6．　$Y = B + C$

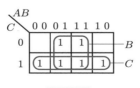

解図 6

(2) 解図7

$$Y = (A + B + C)(A + B + \overline{C})(A + \overline{B} + C)(\overline{A} + B + C)$$

$$Y = AB + BC + AC$$

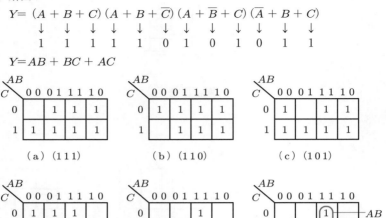

（a）（111）　（b）（110）　（c）（101）

（d）（011）　（e）　（f）

解図7

4.6　0 0 0, 0 0 1, 0 1 1, 0 1 0, 1 1 0, 1 1 1, 1 0 1, 1 0 0

5 論理記号

5.1 5.1.1, 5.1.2項本文参照

5.2 5.1.1項本文参照

5.3 5.1.2項本文参照

5.4 5.1.2項本文参照

5.5 5.1.2項本文参照

5.6 5.1.3項本文参照

5.7 5.1.4項本文参照

5.8 解図 8

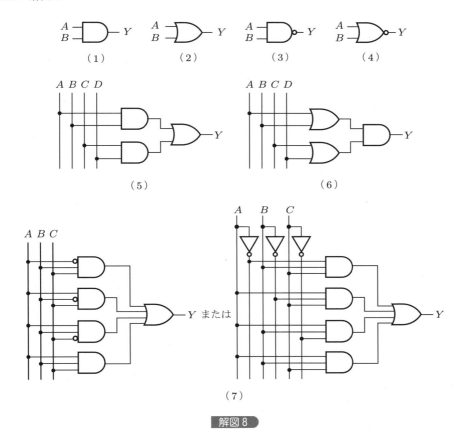

（5）　　　　　　（6）

（7）

解図 8

5.9 解図 9

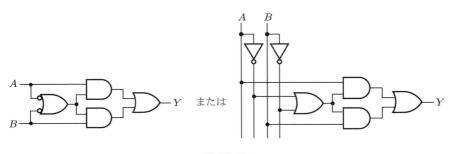

解図 9

5.10 解表 9

解表 9

(a)

A	B	Y
1	1	1
その他		0

$Y = AB$

(b)

A	B	Y
1	1	0
その他		1

$Y = \overline{AB}$

(c)

A	B	Y
0	0	1
その他		0

$Y = \overline{A}\,\overline{B}$

(d)

A	B	C	Y
1	1	1	1
その他			0

$Y = ABC$

(e)

A	B	Y
1	x	1
x	1	1
その他		0

$Y = A + B$

(f)

A	B	Y
1	x	0
x	1	0
その他		1

$Y = \overline{A + B}$

(g)

A	B	Y
0	x	1
x	1	1
その他		0

$Y = \overline{A} + B$

(h)

A	B	Y
0	x	1
x	0	1
その他		0

$Y = \overline{A} + \overline{B}$

x: don't care

5.11 解表 10

解表 10

(a)

A	Y
1	0
0	1

(b)

A	Y
0	1
1	0

5.12 解図 10

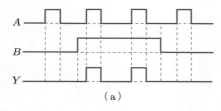
(a)

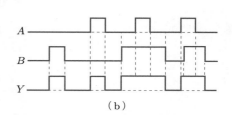
(b)

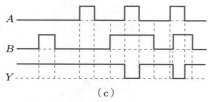
(c)

解図 10

5.13 解図 11．　$Y = \overline{A}BC + A\overline{B}C + AB\overline{C} + ABC$

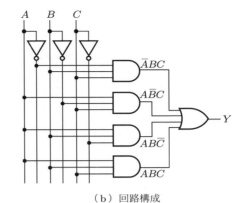

A	B	C	Y
0	1	1	1
1	0	1	1
1	1	0	1
1	1	1	1
その他			0

（a）真理値表　　　　　　　　　（b）回路構成

解図 11

6 論理記号変換

6.1 解表11

解表 11

論理記号	真理値表 A B Y	真理値表 A B Y	論理式
a $A,B \to Y$ (NAND)	1 1 → 0 / その他 → 1	0 0 → 1 0 1 → 1 1 0 → 1 1 1 → 0	$Y = \overline{AB}$
$A,B \to Y$	0 x → 1 / x 0 → 1 / その他 → 0		$Y = \overline{A} + \overline{B}$
b $A,B \to Y$	0 1 → 1 / その他 → 0	0 0 → 0 0 1 → 1 1 0 → 0 1 1 → 0	$Y = \overline{A}B$
$A,B \to Y$	1 x → 0 / x 0 → 0 / その他 → 1		$Y = \overline{\overline{A} + \overline{\overline{B}}}$
c $A,B \to Y$	1 0 → 0 / その他 → 1	0 0 → 1 0 1 → 1 1 0 → 0 1 1 → 1	$Y = \overline{A\overline{B}}$
$A,B \to Y$	0 x → 1 / x 1 → 1 / その他 → 0		$Y = \overline{A} + B$
d $A,B \to Y$	1 x → 1 / x 1 → 1 / その他 → 0	0 0 → 0 0 1 → 1 1 0 → 1 1 1 → 1	$Y = A + B$
$A,B \to Y$	0 0 → 0 / その他 → 1		$Y = \overline{\overline{AB}}$
e $A,B \to Y$	1 x → 0 / x 1 → 0 / その他 → 1	0 0 → 1 0 1 → 0 1 0 → 0 1 1 → 0	$Y = \overline{A + B}$
$A,B \to Y$	0 0 → 1 / その他 → 0		$Y = \overline{A}\,\overline{B}$

x : don't care

6.2　解図 12

NAND

A	B	Y
0	0	1
0	1	1
1	0	1
1	1	0

（a）

NAND

A	B	Y
0	0	1
0	1	1
1	0	1
1	1	0

（b）

解図 12

6.3　解図 13

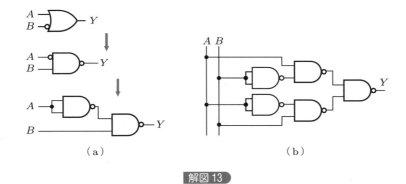

（a）　　　　　　　　　　　（b）

解図 13

6.4　解図 14

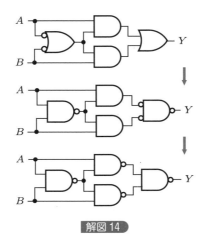

解図 14

6.5 (a) $Y = 1 \cdot BC = BC$ (b) $Y = AAC = AC$ (c) $Y = \overline{1 \cdot BC} = \overline{BC}$
(d) $Y = \overline{AAC} = \overline{AC}$ (e) $Y = A + B + 0 = A + B$ (f) $Y = A + A + C = A + C$
(g) $Y = \overline{A + B + 0} = \overline{A + B}$ (h) $Y = \overline{A + A + C} = \overline{A + C}$

7 組合せ論理回路

7.1 解図 15

A	B	$Y_1 (A < B)$	$Y_2 (A = B)$	$Y_3 (A > B)$
0	0	0	1	0
0	1	1	0	0
1	0	0	0	1
1	1	0	1	0

（a）真理値表

$Y_1 = \overline{A}B \quad (A < B)$
$Y_2 = \overline{A}\overline{B} + AB$
$\quad = \overline{A \oplus B} = \overline{\overline{A}B + A\overline{B}} \quad (A = B)$
$Y_3 = A\overline{B} \quad (A > B)$

（b）論理式

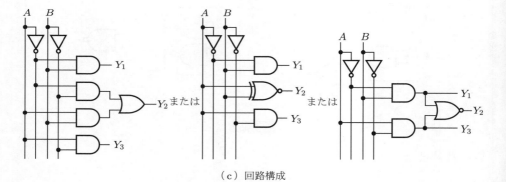

（c）回路構成

解図 15

7.2 解図 16
$(A_2\ A_1\ A_0) = (1\ 1\ 0), \ (B_2\ B_1\ B_0) = (1\ 0\ 1)$

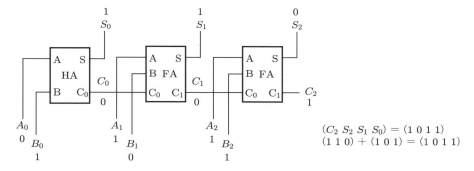

$(C_2\ S_2\ S_1\ S_0) = (1\ 0\ 1\ 1)$
$(1\ 1\ 0) + (1\ 0\ 1) = (1\ 0\ 1\ 1)$

解図 16

7.3 解図 17. $B_0 = \overline{A}B, \ D = \overline{A}B + A\overline{B}(= A \oplus B)$

A	B	B_0	D
0	0	0	0
0	1	1	1
1	0	0	1
1	1	0	0

（a）真理値表

（b）半減算器 HS の論理記号

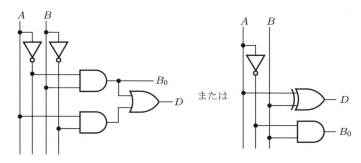

または

（c）回路構成

解図 17

7.4 (1) $C_{\mathrm{p1}} = 1\ 1\ 1\ 1\ 0, \ C_{\mathrm{p2}} = 1\ 1\ 1\ 1\ 1$ (2) $C_{\mathrm{p1}} = 1\ 1\ 0\ 1\ 0, \ C_{\mathrm{p2}} = 1\ 1\ 0\ 1\ 1$
(3) $C_{\mathrm{p1}} = 1\ 0\ 0\ 1\ 1, \ C_{\mathrm{p2}} = 1\ 0\ 1\ 0\ 0$

7.5 (1) $A = 0\ 1\ 1\ 0\ 1, \ B = 0\ 0\ 1\ 1\ 0, \ C_{\mathrm{p1}B} = 1\ 1\ 0\ 0\ 1, \ C_{\mathrm{p2}B} = 1\ 1\ 0\ 1\ 0$
$A - B = A + C_{\mathrm{p2}B} = 0\ 0\ 1\ 1\ 1$

$$\begin{array}{r} 0\ 1\ 1\ 0\ 1 \\ +\ \ 1\ 1\ 0\ 1\ 0 \\ \hline 1\ 0\ 0\ 1\ 1\ 1 \end{array}$$

↑

無視して残りを正の解とする

(2) $A = 0\ 0\ 1\ 1\ 0,\ B = 0\ 1\ 1\ 0\ 1,\ C_{p1B} = 1\ 0\ 0\ 1\ 0,\ C_{p2B} = 1\ 0\ 0\ 1\ 1$

$A - B = A + C_{p2B} = -\ 0\ 0\ 1\ 1\ 1$

$$\begin{array}{r} 0\ 0\ 1\ 1\ 0 \\ +\ \ 1\ 0\ 0\ 1\ 1 \\ \hline 1\ 1\ 0\ 0\ 1 \end{array}\quad (C_{p1} = 0\ 0\ 1\ 1\ 0,\ C_{p2} = 0\ 0\ 1\ 1\ 1)$$

C_{p2} を求めて負の解とする

7.6 解図 18

表示	A	B	C	D	a	b	c	d	e	f	g
0	0	0	0	0	1	1	1	1	1	1	0
1	0	0	0	1	0	1	1	0	0	0	0
2	0	0	1	0	1	1	0	1	1	0	1
3	0	0	1	1	1	1	1	1	0	0	1
4	0	1	0	0	0	1	1	0	0	1	1
5	0	1	0	1	1	0	1	1	0	1	1
6	0	1	1	0	1	0	1	1	1	1	1
7	0	1	1	1	1	1	1	0	0	1	0
8	1	0	0	0	1	1	1	1	1	1	1
9	1	0	0	1	1	1	1	1	0	1	1

（a）表示器　　　　　　　　　　　　（b）真理値表

解図 18

8　PLA

8.1 8.1 節本文参照

8.2 解図 19

8.3 $Y = (A + \overline{B})(C + \overline{D}) = AC + A\overline{D} + \overline{B}C + \overline{B}\,\overline{D}$, 解図 20

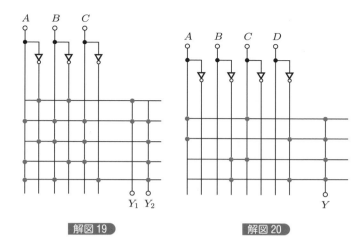

解図 19   解図 20

9   記憶回路

9.1   解図 21

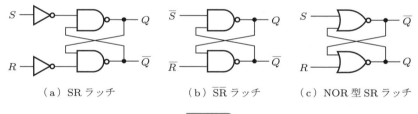

（a）SR ラッチ   （b）$\overline{\text{SR}}$ ラッチ   （c）NOR 型 SR ラッチ

解図 21

9.2   解図 22，23

S	R	Q	$\overline{Q}$	状態
0	0	Q_0	$\overline{Q_0}$	現在の状態を記憶（no change）
0	1	0	1	リセット（reset, clear）
1	0	1	0	セット（set, preset）
1	1	1	1	不定，禁止（inhibit）

（a）論理記号   （b）真理値表

解図 22   SR ラッチ

$\overline{S}$	$\overline{R}$	Q	$\overline{Q}$	状態
0	0	1	1	不定, 禁止 (inhibit)
0	1	1	0	セット (set, preset)
1	0	0	1	リセット (reset, clear)
1	1	Q_0	$\overline{Q_0}$	現在の状態を記憶 (no change)

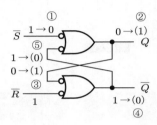

(a) 論理記号 　　　　　　　　　　（b）真理値表

解図 23 　$\overline{S}\,\overline{R}$ ラッチ

9.3 解図 24

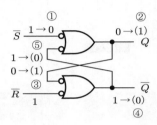
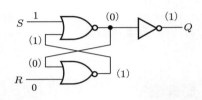

（a）OR 機能に変換 　　　　（b）$S = 1, R = 0$ の回路状態

解図 24

9.4 解図 25

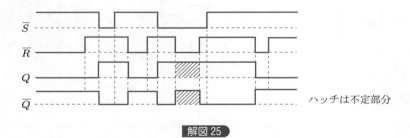

ハッチは不定部分

解図 25

9.5 解図 26

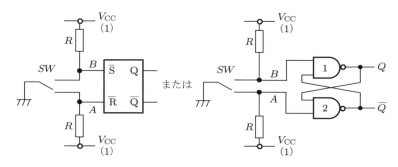

解図 26

9.6 解図 27

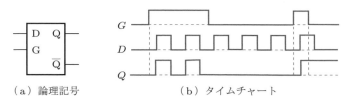

(a) 論理記号　　　　　　(b) タイムチャート

解図 27

9.7 解図 28

G	D	Q	$\overline{S}$	$\overline{R}$
0	x	Q_0	1	1
1	0	0	1	0
	1	1	0	1

x：don't care. $x = 1$ とする.

(a) 真理値表

$$\overline{S} = \overline{G} + \overline{D} = \overline{GD}$$

$$\overline{R} = \overline{G} + D = \overline{G\overline{D}}$$

(b) カルノー図

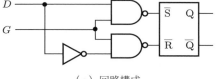

(c) 回路構成

解図 28

9.8 （1）同期　（2）マスタスレーブ型　（3）エッジトリガ型

　　　（4）ポジティブエッジトリガ型　（5）ネガティブエッジトリガ型

9.9　9.3 節本文参照

9.10　9.3.1 項（a），（c）本文参照

9.11　9.3.1 項（a）本文参照

9.12　【例題 9.6 ～ 9.8】参照

9.13　解図 29

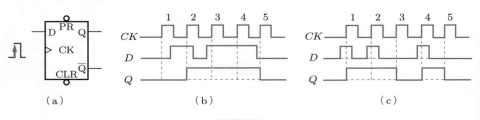

（a）　　　　　　　　　　（b）　　　　　　　　　　（c）

解図 29

10　カウンタ

10.1　解図 30

入力個数	カウンタ		
CK	Q_C	Q_B	Q_A
0	0	0	0
1	0	0	1
2	0	1	0
3	0	1	1
4	1	0	0
5	1	0	1
6	1	1	0
7	0	0	0
8	0	0	1
9	0	1	0
10	0	1	1

（a）真理値表

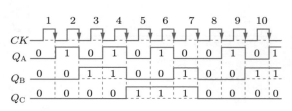

（b）タイムチャート

解図 30

10.2　10.1 節本文参照

10.3　$100 \times \dfrac{1}{2^n} = 25$，$2^n = 4$，$n = 2$　　∴　FF が 2 個

10.4 8 進カウンタ：$2^{n-1} < 8 \leqq 2^n$ $n = 3$，FF が 3 個

10 進カウンタ：$2^{n-1} < 10 \leqq 2^n$ $n = 4$，FF が 4 個

10.5 $(0\,0\,0\,0\,0\,0\,0\,0)_2 \sim (1\,1\,1\,1\,1\,1\,1\,1)_2 = (0)_{10} \sim (2\,5\,5)_{10}$

10.6 解図 31

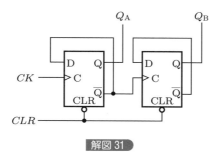

解図 31

10.7 解図 32

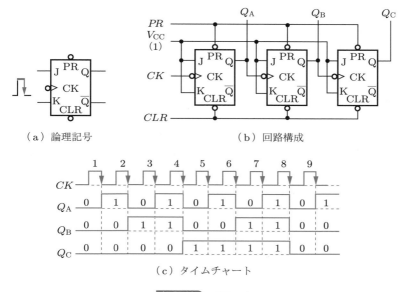

（a）論理記号　　　　　　　　　（b）回路構成

（c）タイムチャート

解図 32　　$PR = 1$

10.8 $20 \times 4 = 80$ [ns] の遅れが生じる.

10.9 解図 33

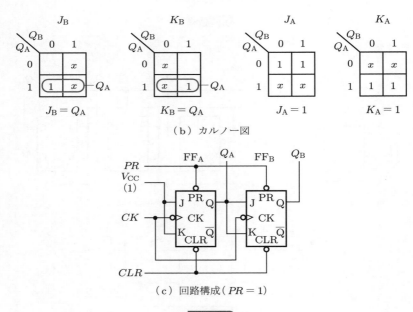

CK	Q_0		Q		$Q_0 \to Q$			
	Q_B	Q_A	Q_B	Q_A	J_B	K_B	J_A	K_A
0	0	0	0	1	0	x	1	x
1	0	1	1	0	1	x	x	1
2	1	0	1	1	x	0	1	x
3	1	1	0	0	x	1	x	1
4	0	0						

x：don't care

（a）真理値表

$J_B = Q_A$ $K_B = Q_A$ $J_A = 1$ $K_A = 1$

（b）カルノー図

（c）回路構成（$PR = 1$）

解図 33

10.10 解図 34

CK	Q_0		Q	
	Q_B	Q_A	$Q_{(B)}$	$Q_{(A)}$
0	0	0	0	1
1	0	1	1	0
2	1	0	0	0
3	0	0		

$Q = \overline{K}Q_0 + J\overline{Q_0}$

$Q_{(B)} = Q_A\overline{Q_B} = 0 \cdot Q_B + Q_A\overline{Q_B} \quad \therefore J_B = Q_A, K_B = 1$

$Q_{(A)} = \overline{Q_B}\overline{Q_A} = 0 \cdot Q_A + \overline{Q_B}\overline{Q_A} \quad \therefore J_A = \overline{Q_B}, K_A = 1$

（a）真理値表

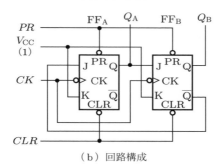

（b）回路構成

解図 34 $PR = 1$

10.11 解図 35

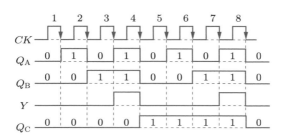

解図 35

10.12 解表 12

10.13 解図 36

解表 12

CK	Q_C	Q_B	Q_A
0	1	1	1
1	1	1	0
2	1	0	1
3	1	0	0
4	0	1	1
5	0	1	0
6	0	0	1
7	0	0	0
8	1	1	1

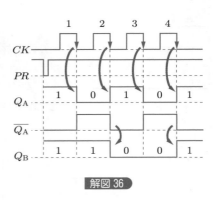

解図 36

10.14 同期式 8 進ダウンカウンタ. 解図 37

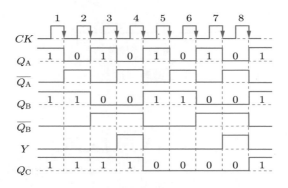

解図 37

11　レジスタとシフトレジスタ

11.1 11.1 節本文参照

11.2 11.2 節本文参照

11.3 解図 38

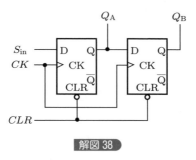

解図 38

参考文献

［1］ ANSI/IEEE Std 91-1984

［2］ T・J・ストナム（著），青木輝壽（訳）：ディジタル論理設計入門，啓学出版，1986

［3］ 岩田一明（監修），大阪科学技術センター CIM 研究会（編）：基礎教育コンピュータ設計・製図第 3 巻 II，共立出版，1987

［4］ 相磯秀夫（監修），天野英晴，武藤佳恭（著）：だれにもわかるディジタル回路（改訂4版），オーム社，2015

［5］ 田村進一：ディジタル回路，昭晃堂，1987

［6］ 宮田武雄：速解論理回路，コロナ社，1987

［7］ 西野　聰：IC 論理回路入門　第 2 版，日刊工業新聞社，2002

［8］ ドナルド・L・シリング，チャールス・ビラブ（著），岡部豊比古（監修），山中惣之助，黒澤　明，宇佐美興一（訳）：トランジスタと IC のための電子回路 III，マグロウヒル出版，1995

［9］ トーケイム（著），村崎憲雄，藤林宏一，青木正喜（訳）：ディジタル回路，マグロウヒル出版，1982

［10］ 石坂陽之助：ディジタル回路基本演習，工学図書，1977

［11］ The Electrical Engineering Handbook, 2005

［12］ 猪飼國夫，本多中二：定本ディジタル・システムの設計，CQ 出版，2010

［13］ Micro-Cap V /CQ 版，CQ 出版，1996

［14］ 江端克彦，久津輪敏郎：ディジタル回路設計，共立出版，1997

［15］ 伊原充博，若海弘夫，吉沢昌純：ディジタル回路，コロナ社，1999

［16］ 最新汎用ロジック・デバイス規格表，CQ 出版，2009

［17］ Texas Instruments Datasheet

［18］ 石浦菜岐佐：論理回路ノート，関西学院大学，2013

［19］ 浜辺隆二：論理回路入門，森北出版，2019

［20］ 最新 74 シリーズ IC 規格表，CQ 出版，1996

索　引

▌英数字▶

1 の補数　*79*
1 ビット加算器　*77*
2 進カウンタ　*126*
2 値記憶回路　*92*
2 値変数　*3*
2 値論理回路　*3*
2 値論理関数　*3*
2 入力マルチプレクサ　*69*
2 の補数　*79*
2 ビットレジスタ　*147*
3 ビットジョンソンカウンタ　*151*
3 ビットリングカウンタ　*151*
4 ビットレジスタ　*147*
4 ビット加減器　*85*
4 選択デマルチプレクサ　*70*
4 入力マルチプレクサ　*68*
active high　*45*
active low　*45*
adder　*74*
AMPLIFIER　*44*
analog　*1*
analog circuit　*2*
analog signal　*1*
AND　*16, 17*
AND ゲート　*45, 46*
asynchronous counter　*129*
a 接点　*10*
binary counter　*126*
binary logic circuit　*3*
binary logical function　*3*
binary variable　*3*
bistable circuit　*92*
break contact　*10*
b 接点　*10*
carry　*74*
clear　*98*
clock pulse　*93, 106*
CLR　*108*

CMOSIC　*47, 49*
combinational logic circuit　*3, 68*
counter　*126*
D-FF　*118*
D-FF の特性方程式　*119*
data latch　*103*
decoder　*72*
delay latch　*103*
demultiplexer　*70*
digital　*1*
digital circuit　*2*
digital signal　*1*
don't care　*54*
down counter　*126, 140*
D ラッチ　*103*
D ラッチの特性方程式　*104*
edge-triggered flip-flop　*93*
encoder　*72*
ENOR　*17*
EOR　*17*
excitation table　*135*
EXCLUSIVE NOR　*17*
EXCLUSIVE OR　*17*
EXNOR　*17*
EXOR　*17*
fall time　*106*
fan-out　*49*
flip-flop　*92, 106*
full adder　*75*
gate　*44*
half adder　*75*
half subtractor　*85*
hazard　*132*
high active　*44*
hold time　*107*
H アクティブ　*44*
JK-FF　*110*
JK-FF の特性方程式　*118*
Johnson counter　*151*

Karnaugh diagram   *35*
latch   *92*
logic circuit   *3*
logical element   *44*
logical function   *3*
logical gate   *44*
logical product   *16*
logical sum   *16*
look ahead carry   *77*
low active   *45*
L アクティブ   *45*
make contact   *10*
master latch   *112*
master-slave flip-flop   *93*
master-slave JK-FF   *112*
MIL 規格   *44*
military standard specification   *44*
MS JK-FF   *112*
multiplexer   *68*
NAND   *16*
NAND ゲート   *45, 46*
negation   *16*
NEGATION   *44*
negative edge-triggered JK-FF   *117*
NOR   *16*
NOR ゲート   *45, 46*
NOR 型 SR ラッチ   *103*
NOR 型ラッチ   *96*
NOT   *16, 17*
NOT ゲート   *45, 46, 52*
one's complement   *79*
OR   *16, 17*
OR ゲート   *45, 46*
PLA   *49, 87*
positive edge-triggered JK-FF   *115*
PR   *108*
preset   *98, 108*
principal conjunctive canonical form   *27*
principal disjunctive canonical form   *25*
programmable logic array   *87*
propagation delay time   *107*
pulse width   *107*
race   *106*
racing   *106*

register   *147*
relay switch   *10*
reset   *98*
reversible counter   *126*
ring counter   *151*
ripple carry   *77*
ripple counter   *134*
rise time   *106*
Scmit-trigger inverter   *109*
sequential logic circuit   *3*
set   *98*
setup time   *107*
shift register   *148*
slave latch   *112*
SR flip-flop   *102*
SR フリップフロップ   *102*
SR ラッチ   *96*
SR ラッチ   *102*
SR ラッチの特性方程式   *98*
state transition diagram   *95*
sum   *74*
synchronous counter   *129*
T-FF   *121*
time chart   *95*
toggle   *110*
toggle-FF   *121*
trigger   *93*
trigger-FF   *121*
truth table   *12*
TTLIC   *48, 49*
two's complement   *79*
U/D   *143*
up counter   *126*
up-down counter   *126, 143*
Venn diagram   *20*
XNOR   *17*
XNOR ゲート   *46, 47*
XOR   *17*
XOR ゲート   *46, 47*

❚あ 行▶
アナログ   *1*
アクティブ H   *45*
アクティブ L   *45*

アップカウンタ　126
アップダウンカウンタ　126, 143
アナログ回路　2
アナログ信号　1
アンド　16
異常シフト　152
エッジトリガ型 FF　107
エッジトリガ型フリップフロップ　93
エンコーダ　72
オア　16

▌か　行▐

カウンタ　126
可逆カウンタ　126
加算カウンタ　126
加算器　74
加算減算器　84
カルノー図　35
基本ゲート　45
基本論理演算　15, 16
基本論理ゲート　45
組合せ論理回路　3, 68
クリア　98
グループ化　35, 42
クロックパルス　93, 106
桁上げ　74
ゲート　44
ゲート信号　103
減算カウンタ　126
後縁　106

▌さ　行▐

最小項　25
最大項　27
自己修正形 3 ビットジョンソンカウンタ
　　152
シフトレジスタ　148
主加法標準形　25
主乗法標準形　27
シュミット・トリガインバータ　109
順序論理回路　3, 92
状態遷移図　95
真理値表　12
スイッチ回路　10

スレーブラッチ　112
正常シフト　152
正論理　45
積和　29
セット　98, 108
前縁　106
全加算器 FA　75
選択スイッチ回路　68

▌た　行▐

対等　17
タイムチャート　95
ダウンカウンタ　126, 140
立ち上がり　106
立ち上がり時間　106
立ち下がり　106
立ち下がり時間　106
ディジタル　1
ディジタル回路　2
ディジタル信号　1
デコーダ　72
デマルチプレクサ　70
伝搬遅延時間　107
同期型 SR ラッチ　102
同期式 3 進カウンタ　136
同期式 4 進カウンタ　138
同期式 4 進ダウンカウンタ　141
同期式 8 進カウンタ　138
同期式カウンタ　129, 135
トグル　110
トリガ　93
トレイリングエッジ　106
ドントケア　54

▌な　行▐

ナンド　16
二安定回路　92
二重否定　66
ネガティブエッジ　106
ネガティブエッジトリガ型 FF　107
ネガティブエッジトリガ型 JK-FF　117
ノア　16
ノット　16

■は 行▶

排他的 NOR　*17*
排他的論理和　*17*
排他的論理和否定　*17*
バイナリカウンタ　*126*
ハザード　*132*
パルス幅　*107*
半加算器 HA　*75*
半減算器 HS　*85*
否定　*16*
非同期式 4 進カウンタ　*129*
非同期式 4 進ダウンカウンタ　*141*
非同期式 5 進カウンタ　*131*
非同期式カウンタ　*129*
ファンアウト　*49*
プリセット　*98*
フリップフロップ　*92, 106*
プルアップ抵抗　*63*
プルダウン抵抗　*48*
ブレーク接点　*10*
負論理　*45*
分周器　*129*
ブール代数　*22*
ベン図　*20*
ポジティブエッジ　*106*
ポジティブエッジトリガ型 FF　*107*
ポジティブエッジトリガ型 JK-FF　*115*
補数　*78*

■ま 行▶

マスタスレーブ型 FF　*93, 107*
マスタスレーブ型 JK-FF　*112*
マスタラッチ　*112*

マルチプレクサ　*68*
メーク接点　*10*

■ら 行▶

ラッチ　*92*
リセット　*98*
リセット優先（R 優先）SR ラッチ　*100*
リップルカウンタ　*134*
リップルキャリー　*77*
リレースイッチ　*10*
リングカウンタ　*151*
リーディングエッジ　*106*
ルックアヘッドキャリー　*77*
励起表　*135*
レジスタ　*147*
レーシング　*106*
レース　*106*
論理演算　*15*
論理回路　*3*
論理関数　*3*
論理機能記号　*44*
論理機能変換　*60*
論理ゲート　*44*
論理式　*15*
論理積　*16*
論理積否定　*16*
論理素子　*44*
論理の整合　*65*
論理和　*16*
論理和否定　*16*

■わ 行▶

和積　*30*

著 者 略 歴

松下　俊介（まつした・しゅんすけ）

1970 年　大阪大学基礎工学部助手
1979 年　摂南大学工学部助教授を経て
1987 年　摂南大学工学部電気電子工学科教授，工学博士（大阪大学）
2009 年　摂南大学工学部電気電子工学科退職，同大学名誉教授
　　　　　現在に至る

著書（共著）

アモルファス電子材料利用技術集成，サイエンスフォーラム，1981
新世代デバイス探索技術集成，リアライズ社，1985
光エレクトロニクス材料マニュアル，光産業技術振興協会，1986
光磁気ディスク，トリケップス，1986
光・薄膜技術マニュアル，オプトロニクス社，1986

編集担当　二宮　惇（森北出版）
編集責任　富井　晃（森北出版）
組　版　　創栄図書印刷
印　刷　　同
製　本　　同

基礎からわかる論理回路（第 2 版）　　　　　　　　　© 松下俊介　2021

2004 年　6 月 10 日　第 1 版第 1 刷発行　　　【本書の無断転載を禁ず】
2019 年　9 月 19 日　第 1 版第 11 刷発行
2021 年　7 月 30 日　第 2 版第 1 刷発行

著　者　松下俊介
発 行 者　森北博巳
発 行 所　森北出版株式会社
　　　　　東京都千代田区富士見 1-4-11 （〒102-0071）
　　　　　電話 03-3265-8341／FAX 03-3264-8709
　　　　　https://www.morikita.co.jp/
　　　　　日本書籍出版協会・自然科学書協会　会員
　　　　　JCOPY ＜（一社）出版者著作権管理機構　委託出版物＞

落丁・乱丁本はお取替えいたします．

Printed in Japan／ISBN978-4-627-82842-1